TECHNIC AND MAGIC

[意] 费德里科·坎帕尼亚 著　姜昊骞 译

技术与魔法

THE RECONSTRUCTION OF REALITY

重建实在

FEDERICO CAMPAGNA

上海文艺出版社
Shanghai Literature & Art Publishing House

献给阿图罗和特奥多拉

而任何旅程，任何一种出行，

只是初学者的神秘主义，

是基础课程，是一场

延后考试的

前奏。

——亚当·扎加耶夫斯基，《初学者的神秘主义》

两种创世论的图示

技术

上限：隐蔽的自我

本体	原型化身
绝对语言	真即再现，再现即真
测量	数字
单位	信息 / 数据
抽象一般实体	处理器
作为弱点的生命	可能性

下限：双重肯定

魔法

上限：双重否定

本体	原型化身
作为生命的不可言说者	奇迹
人	阿波罗与伊玛目
象征	神话主题
意义	中心
悖论	自我

下限：隐蔽的神

目录

序言

制钥师

蒂莫西·莫顿

如何从此地去彼端?“现在”,一个在各个方面——心理方面、人类学方面、政治方面——尽为虚幻、似是而非的时刻,它就像一只有着无尽贪欲、永远不会化为蝴蝶的毛虫,它似乎以吞食未来为乐,新的未来刚发明就要吃掉。毛虫吞食未来,犬儒理性则吞食着毛虫的吞食,每当毛虫试图摆脱毛虫吞食者的状态,理性便再生产它。要是我能告诉你,你无能为力的程度远远超出你可能的想象,那么我显然就比你聪明,也比你更革命。要是我还能告诉你,我将你无以复加的、毫无希望的无能为力状态告诉你的方式本身,也是造成你无能为力的力量的一部分,那我就更厉害了,因为我让你更加不可能找到一条脱离现在的出路了。而我之所以能做到这一点,很大程度上依赖于我封上了逃离某种概念的出口:为现在(present)背书的在场(presence)概念,表象之下的持存概念,这种概念将生死攸关、种族存亡意义上的生存施加于地球之上。

许多批判似乎以效仿威廉·布莱克（William Blake）诗作《人的抽象》插图中的老人为能事。图中的老人在自己身旁编织了一张伪装成真理模样的谎言之网：

如果我们不让某些人变穷，
那就不会有怜悯；
如果人人像我们一样快乐，
那就不会有慈悲。

相互惧怕带来和平，
直到自私的爱多了起来；
接着残忍编织了一张罗网，
精心撒下诱饵。

他怀着圣洁的畏惧坐下，
用眼泪浇灌土地；
接着谦逊扎下了根，
在他的脚下。

树荫很快在他头顶上延伸开来，
那是奥秘。
毛虫和飞虫
在吃着奥秘。

树结出了红润甘甜的果实，
那是欺骗；
在最浓密的树荫中，
乌鸦筑好了巢。

土地神与海洋神
在自然界中四处寻找这棵树；
但他们的寻找全是徒劳：
这棵树长在人的头脑里。[1]

当你这样看问题时，你就开始明白，做一个想要改变点什么的作家有什么意义了。

于是，也许暂且忽视那些犬儒理性的甜言蜜语——哪怕只是权宜之计——是一件好事。要做到这一点，最好的办法就是无视习俗的参照点，也就是潮流或者说当代哲学动态。常言道，控制过去的人就控制了未来，修改过去的人则会打开各种各样不同的未来，而且更重要的是，会打开（不一样的）未来本身的可能性：未来性。给让我们走到这般田地的思想脊柱做一番“正骨”，我们就会打开各种各样的彼端，你开始感到过去的重量不再那么难以承担，因为你已经在噩梦中找到了几把钥匙，可以将思想从噩梦般的长期紧张状态中解放出来。比方说，你可以从新柏拉图主义和阿拉伯哲学中寻找开启未来性大门的魔

1　W. Blake, *The Human Abstract*, in *The Complete Poems*, London: Penguin, 1977, pp. 128-9.

法钥匙。比起调整当代理论这幅镶嵌画上的彩色方块——结果往往是在犬儒理性这艘“泰坦尼克”号上重新布置甲板椅——这样做或许要清爽得多。

费德里科·坎帕尼亚已经做成了这件事。每扇门都有一把钥匙。而且当我们发现来自罗马帝国和波斯帝国的生锈的老旧钥匙，竟然恰好能插进各式各样几乎不可能破解的纳米工艺金属密码锁时，那该是何等的惊喜。

导言

这是一本写给被历史和当下打败的人的书。这不是一本将眼下失败转化为未来胜利的指导手册，而是一则关于通道的流言，一条隐匿于战场之中、引向战场之外的森林的通道。[1] 我是在 2016 年晚秋开始动笔的，那是一个法西斯主义卷土重来、环境破坏与资本主义生命政治合流的年代，肃杀的瓦尔哈拉神殿中涌动着改天换地的力量。早年间，我曾经相信当今时代的宗宗暴行需要进行契合政治本义的干预。我以为，如果问题出在社会制度的形式上，那么必要的改变就必然要在同一个层次上发生，也就是在经济制度、政治活动、社会话语的层次上实现变革，之后便会水到渠成。我曾经是这样认为的。接下来发生的事件，以及阻断两个进程——一个是曾遏制晚近暴行的制度陷入解体，一个是赤裸裸的自杀式环境破坏——明显的不可能性，开始让我陷入了怀疑。不知为何，可能性的域似乎已经急剧缩减，而我们采取不一样的行动的能力，乃至想象出不同于已经铭刻于当下的行动的能力似乎都被彻底扼杀了。与许多其

1 “我们再次陷入了这样一个时代：时代对哲学家的要求不是解释或改造世界，而只是搭建抵御严酷天候的避难所。”出自 N. G. Davila, *Escolios a un Texto Implicito I*。原文为西班牙文，我译自弗兰科·沃尔皮（Franco Volpi）的意大利文译本，见 N. G. Davila, *In Margine a un Testo Implicito*, Milano: Adelphi, 2015, p. 28。

2

他同辈人和当代人一样，我亲身经历了这种瘫痪。不管是政治失能的形式，还是个体精神病理的形式，我们的时代似乎在同等地压迫着所有人。即便对那些有志于促成古人所说的“解放”的人来说，现有的资源非常少，但或许未来仍然蕴含着有待发生的改变的可能性。与任何有孩子的人一样，我也不想放弃面向未来的希望，世界走上另一个方向的希望，不论它如何渺茫。而且事实上，我也不想放弃这样一种可疑的信念：哪怕个体也总能为宏大社会变革做出贡献，不论多么微小。然而，执拗的希望没有让我的怀疑噤声。首先，行走在这样与末日只差一步的晦暗时代，我能对自己做些什么？其次，一场社会政治革命果真足以改变事件进程吗？还是说，必要的改变其实是在另一个不同的层面上？

这种双重怀疑——对自身幸福的迫切焦虑，以及对变革整体机制的更理论化的兴趣——让我从另一个角度思考问题。会不会变革之所以看似不可能，是因为严格说来变革*就是*不可能？会不会想象、行动乃至单纯的生活或快乐之所以看似不可能，是因为它们*就是*不可能，至少在当下的实在设定下？究其内核，这两个问题都指向实在内部的某个元素，它充当着当代种种具体的文化 / 社会 / 政治 / 经济设定的基础。或许正是在那个层面上，我们隐含地定义了在我们的世界之内何为可能，又何为不可能。或许正是在那个层面上，我们决定了我们的世界*之所是*。按照传统哲学术语，这是形而上学层面：探究存在的含义，何种事物正当地存在，以何种方式存在，事物之间的关系是什么，事物与性质的关系是什么，如此等等。只要确定了形而上学，也就是确定了世界的根本构成，那便隐含地决定了世界上哪些事可以发生，哪些事不能发生。用不那么专业的话说，那是定义“实在”本身的层面。随着存在（尤其是正当存在）的参数在变，世界的构成也在变——接着，可能域会依次形成，随之而来的是“善好”的场，也就是伦理、政治等等。

当然，有人可能会提出异议，说形而上学应该是一门严谨的科学，就像属于硬科学的化学或生物学一样。但这种异议要求我们相信人类有能力把握本然的存在：能够触及最纯粹、最彻底的“事实”。不仅如此，我们还能够用描述性语言来呈现这些白璧无瑕的事实，就仿佛把它们放到实验室或太平间的大理石台面上去解剖，从中取得对事物如其所是的本然的知识。对准确认识和传达“事实”之“真相”的能力的此种要求，正如华莱士·史蒂文斯（Wallace Stevens）在同名诗作中对“弹蓝吉他的人”施加的要求。

3

> 他们说，“你有一把蓝吉他
> 你弹的不是事物本来的样子”。
> 男人答道，“事物本来的样子
> 到了蓝吉他上就变了”。
> 他们又说，“可你要弹啊，就一定要弹出
> 超越但不超脱我们的曲子，
> 蓝吉他弹的曲子
> 要符合事物本身”。

我不能让世界圆满，
尽管我会尽力修补。
我吟唱的是一尊美髯阔目的英雄青铜头像
而不是一个人，
尽管我会尽力修补它
通过它几乎成为一个人。[2]

凡是我们通过描述性语言——也就是通过典型的历史、经济、科学、文化语言——把握和表达的事物，总是已经受到了并非内在于事物的标准之塑造。康德主张，存在者被我们感知到之前必须先通过的关键过滤器，是与我们的人性不可分的。比方说，我们不可避免地要在空间 / 时间中感知事物——尽管在世界本身里根本找不到时空维度。但除了康德考虑的因素以外，语言本身也在我们感知事物和世界的过程中发挥着关键作用。只有一部分存在者可以通过语言手段来呈现，正如只有一部分色谱能被人眼感知到。不管我们的技术假体发展到何等程度，总会有语言和色觉以外的阴影和事物。但我刚才的声明本身就是一条形而上学公理：我提议将这条标准作为我们认识存在的基础。对立的标准——语言及其技术有把握存在之真相的无限能力——同样是一条正当的公理。两者在且仅在自身中得到证成。自上帝死后，我们就只能独自决定认识世界的公理了。我们必须为建构一个有意义的宜居世界而自行奠基。我将这些

4

2 W. Stevens, *The Man with the Blue Guitar*, in *Wallace Stevens*, edited by J. Burnside, London: Faber and Faber, 2008, p. 28.

公理体系称作“实在设定”：为了理解某时某地存在者的难解经验，我们要用到一些标准，关于这些标准的（有意或无意的）具体历史性决定就是“实在设定”。

我在想，会不会正是在这一公理层面上，我才能探知当下世界的构成与当今时代的可能域。我开始问自己：是哪些隐含的形而上学预设定义了我们的实在架构，为当今的存在体验设定了结构？是什么定义了当下时代——比方说，相对于过去那些有鬼魂，有神灵的时代——的核心特殊性？我开始沿着一段跨越当代，尤其是西方全球化形式下的文化、政治与经济状况的横截面寻找线索。在这一过程中，我的质问主要是形而上学性质的：这种文化形态或那种经济形态的产生，有哪些必要的形而上学预设？为了支持某组社会行为，有哪些关于特定事物存在或不存在的信念是必要的？为了证成隐含于当代盛行的社会制度中的伦理目标，我们需要何种本体论？如此等等。我们也可以将这种质问转化成建筑学术语。设想我们在一个新发现的地外行星上遇见了一座神秘的建筑，于是想要探究它的特殊形制。我们要问的第一件事，甚至在寻找建造者名字之前要问的一件事是：这种结构需要何种材料和力才能维持？

5

但正如某种建筑需要若干特定的材料，某种材料本身似乎也隐含着若干可能的建筑。随着我继续寻找当下的形式中隐含的形而上学预设，我开始注意到，这一组特定的形而上学论点本身似乎也蕴含着某种实在与世界的形式，仿佛是一种宿命。于是，我的研究发生了一场形态学的转向；我不再只关心构成了当代人体验到的世界是由哪些材料建成的，也开始关心这样一个世界的特殊宿命。我们不妨将这一宿命称作世界的宇宙论形式。一切形而上学都是一套关于如何为纯粹存在的混沌（the chaos of mere existence）赋予最佳秩序的决定；它是一种特定宇宙（cosmos）的形式。因此，我认为宇宙论——“围绕宇宙秩序展开的讨论”——似乎比形而上学更能恰切地定义我的探究目标。[3] 但正如每一个好的神话教导我们的那样，宇宙论之下必有创世论：那个特定宇宙的创造过程。正是在创世论的层面上，我研究的各个方面似乎终于统合为一。在这个层面上，我至少可以创成一则概然故事（*eikos mythos*）——一如柏拉图在《蒂迈欧篇》中对自己的创世传说的界定[4]——能够将这些方面重整为一个连贯的叙事。

下面是我的概然故事。当代存在体验的特征指向我们的世界——当然还有世界中的我们——的一种特定排序。这种排序表面上是社会的 / 经济的等等，但其实衍生于一组基本形而上学公理。这些公理共同构成了一个宏观体系，也就是我们时代的实在体系。一个实在体系会以特定方式塑造世界，并赋予世界特定的命运：它是定义了一个历史时代的宇宙学形式。但与此同时，它又是一股创世力量：它的形而上学设定与参数

6

3 我之所以采取这样的风格，部分灵感来源是 C. Sini, *Raccontare il Mondo: Filosofia e Cosmologia*, Milano: CUEM, 2001。

4 参见 Plato, *Timaeus*, 29d。关于柏拉图《蒂迈欧篇》中“概然故事”的解读，参见 M. F. Burnyeat, *Eykos Mythos*, in *Rhizai*, 2, 2005, pp. 7–29. G. Reale, Introduzione, in J. N. Findlay, *Platone: le dottrine scritte e non scritte*, Milano: Vita e Pensiero, 1994, pp. XXIV–XXV. E. Berti, *L'Oggetto dell'Eikos Mythos nel Timeo di Platone*, in T. Calvo and L. Brisson (eds), *Interpreting the Timaeus*– Critias, Sankt Augustin: Acaemia Verlag, 1997, pp. 119-31。

事实上创造了世界——如果我们认为“世界”产生于为混沌赋予秩序的行动的话，就像希腊语里的 cosmos 和拉丁语里的 mundus 那样。这就是我的概然故事的神话性。我们有可能，至少在叙事上有可能将这股创世之力几乎呈现为一个物，它的内部架构揭示了它的创世活动。我选择称呼当代的创世形式为：“技术”（Technic）。[5]

在本书中，尤其是在第 2 章中，我希望对技术提供一种可能的解剖学，详细阐述它的各个组成部分，它们能够解释当代主要的实在设定。但这不是一个正常的实在体系，因为它的一个主要特征就是它涉及实在本身的解体。这样一种实在的解体——我将在第 2 章和第 3 章之间的“插曲”详加描述——说明了技术的虚无性。这一形而上学层面的虚无是技术铭刻于它要创造的世界之内的命运，其最纯粹的形式正在于技术的内核：“绝对语言”原理。在我对技术创世论的分析中，绝对语言是第一原理；作为最深的层次，技术的所有其他方面都是从它放射出来的，正如阳光出自无情的太阳。我试图用一种近乎神话形式的叙事来呈现自己的分析，与此一致，我选择借用新柏拉图主义哲学里的“本体”（hypostases）来描述构成技术整体形式的各个层次。每个本体自身都是一股次级力量，界定了技术借以构建世界的总体创世架构的一个特定层级。我还为每一个本体配上了一个“原型化身”：体现某个技术层级主要特征的日常

5　我之所以选用了 Technic 这个（错误的）拼法，而没有用更常见的 Technics 或德语词 Technik，是在向意大利语词 Tecnica 暗中致敬。这个不合时宜的选择可以被理解为我的整体神话工程——“地中海”哲学——下的一部分。

生活形象，这就更有神话色彩了。

但技术只是一种可能的创世力量，也只是一种可能的实在形式。毫无疑问，它在今天占有霸权地位，而且塑造着世界和 7 几十亿当代人的存在体验——但这并没有让它比任何其他可能的实在形式更少偶然性。本书第二部分的出发点正是技术宇宙论偶然性的实现，再从这一现实必然性去想象不同实在设定下的一个不同世界。如果说技术世界的形而上架构已经造成了我们存在体验的贫乏萧条，那我们就必须想象出一套新的实在原理，让一个新的可能域得以涌现。但我要马上明确一点：我无意提出一套实在革新的宏观蓝图。本书不是政治宣言，也不是大起义号召。它的任务要小一些，只是提醒我们实在体系是形而上学公理的偶然集合体，调整永远是可能的。事实上，我们总是有能力超越社会背景的专制统治，调整自己的实在设定，哪怕历史说我们陷入了无力的困境。本书为最广泛、最悲剧意义上的被历史和当下打败的人而写。不管我们处于怎样的历史情境，而且即便我们对自身在宏观尺度上改变力量平衡的能力完全失望，但我们总是有能力调整自己的实在设定——从而赋予自己另一个实在，另一个世界，另一种世界中的存在体验。这是纯粹的臆想？与任何其他占据霸权地位，将其社会制度强加于某个特定历史时期的实在或世界相比，它不多一分虚幻，也不少一分。

但这里我要再做一点澄清：我并不主张完全脱离世俗与政治活动。相反，我指出的是两条路，一条是前政治的，一条是后政治的。一方面，默默接受这一个，而不接受那一个实在体系将继续界定哪些政治活动与社会政策是可能的。改变实在设定是一个前政治过程，对任何彻底反思政治与社会生活的行为都至关重要。另一方面，我试图为那些生活在“最坏情境”中的个体提供一套直接实用的应急方案。我的主要关切是：即使一切似乎都被剥夺了，我们如何继续有尊严地活着？在这个意义上，本书为影响延续至今的历史弊病开出了一份可能的药方——这些弊病影响了我们之前的无数人，也可以预见到会影响未来的我们。确切地说，我要疗愈的弊病是：我们不得不生活在历史之内。[6]

8

我选择将通过拥抱另一种实在体系来疗愈时弊的道路称作“魔法”（Magic）。这又是一个神话学比喻。正如我将当下的实在体系人格化为“技术”，我用“魔法”来命名我要提出的另一种宇宙观。技术和魔法都不是我们会遇到的物理“实物”——它们类似于美国哲学家蒂莫西·莫顿（Timothy Morton）描述

---

6 我愿意跟从兹比格涅夫·赫贝特笔下“甘作配角 / 不愿生活在历史中”的科吉托先生（*Mr Cogito's Game*, in Z. Herbert, *The Collected Poems*, London: Atlantic Books, 2014, p. 328），目的正是避免赫贝特在《红杉》（*Sequoia*）中描述的历史书写的残酷性：“一棵西部铜木的树干横截面 / 规则的年轮如同数不清的水轮 / 一个倔强的愚人用人类历史的日期书写 / …… / 这棵树的塔西佗是一位勘探员，他没有形容词 / 没有表达恐惧的句法，他根本不认识单词 / 于是他数着年份和世纪，好像在说 / 不过是出生与死亡，只是生与死 / 在红杉的血色树汁里。”（*Sequoia*, in Z. Herbert, *The Collected Poems*, London: Atlantic Books, 2014, p. 296）这么做时，我也部分赞成亚当·扎加耶夫斯基在下列诗句中表达出的态度：“有一天，猿开始了夺权 / …… 我们忙着追求别的事情 / 根本没有注意：有人在读亚里士多德，/ 还有人全身心投入恋爱。/ …… 猿，似乎夺取了权力。”（*Apes*, in A. Zagajewski, *Without End: New and Selected Poems*, New York, NY: Farrar, Strauss & Giroux, 2003）—— 但当然我也有不少要警惕的地方，在“导言”里已经讨论过了。

的“超客体”(hyperobjects)[7]，是极其分散的隐形实体，我们只有通过它们留在世界上的印记才能感知到。我倾向于将两者都定义为“创世之力”——仿佛它们是赫西俄德诗中的神话神祇。在某种意义上，我借鉴了布鲁诺（Giordano Bruno）在1586年的《三十明灯像》一书中运用的方法——他为每一条宇宙定律配上了一尊“雕像”，每组雕像又配上了名为“混沌”“食人魔”“夜”“光”等的原创神话形象。布鲁诺指出：

> 既然万物的存在方式都可能显明为特定的本体构造，万物便都可以用雕像的形式轻松呈现。[8]

9 我还为自己探讨的两种创世之力分别配上了特定的地貌，不过这依然是神话和隐喻意义上的地貌，而非物理的地貌。技术代表着北方之力的精神——事实上，前两章提到的思想家几乎都来自欧洲北部——魔法则属于地中海区域。这里所说的地中海不同于地图上的地中海。事实上，第三章和第四章（主题是魔造界与魔界）涵盖的范围从伊本·阿拉比（Ibn Arabi）的安达卢西亚到穆拉·萨德拉（Mulla Sadra）的波斯，再到商羯罗（Adi Shankara）的印度。与詹姆斯·希尔曼（James

7 参见 T. Morton, *Hyperobjects: Philosophy and Ecology After the End of the World*, Minneapolis: University of Minnesota Press, 2013。

8 我转译自布鲁诺《三十明灯像》的意大利文译本 G. Bruno, *Lampas Triginta Statuarum*, 出自 *Opere Magiche*, Milano: Adelphi, 2000, p. 1393。

Hillman）构想的希腊一样[9]，我笔下的地中海也是想象出来的，而非来自制图学。魔法的地中海与技术的北方类似于法国哲学家亨利·科尔班（Henry Corbin）笔下的“想象世界”（mundus imaginalis）中的圣城，物体在那里变为力量，而观念成为了世间存在的模板。在这个意义上，魔法实在体系并非“乌托邦”（utopia），而是波斯哲学家苏赫拉瓦迪（Suhrawardi）描述的“无处乡”（Nâ-Kojâ-Abâd）中的一种力量，这个世界一直与我们的物质世界并存，尽管是不可见的。[10]地中海是一种实在的形式，与欧亚非三洲之间沿岸地区出现的历史性生活方式只有隐喻层面的关联。我的地中海是一片广袤的精神领域，正如它让人想起的那片宏大的海洋一般，它挑战并超越了显白（exoteric，也就是公开的、描述性的）政治与显白文化强加的语言区隔。[11]它是一片迁移与传播的领域，在它那里，阳光揭示的不只是事物的性质及其生产范畴，而主要是它们不可言说的维度。与夏日正午一样，它被一种不可名状的时间性所缠绕，

10

---

9 “一个精神世界的历史地理区域，一个幻想或神话中的希腊，一个与现实地理和现实历史只有间接关联的内在于心灵的希腊。”J. Hillman, *An Essay on Pan*, in *Pan and the Nightmare*, Washington, DC: Spring Publications, 2015, p. 10.

10 参见 Sheikh S. Suhrawardi, *A Tale of Occidental Exile, in The Mystical and Visionary Treatises*, translated by W. M. Trackston Jr, London: Octogon Press, 1982, pp. 100–8；另见 H. Corbin, *En Islam iranien. Tome 2: Sohrawardi et les platoniciens de Perse*, Paris: Gallimard, 1991, Chapters V–VII。

11 我的地中海概念还会令人想起希腊－罗马神祇塞拉匹斯（Serapis），它是公元前三世纪埃及法老托勒密一世的一项重大宗教 / 诗意创举。与塞拉匹斯一样，我的地中海概念是一个神话虚构，旨在通过一种表现出强烈隐微内涵的杂糅形式来整合多个不同的思想脉络。关于类似思路的塞拉匹斯学术论述，参见 P. Schmitt, *Serapis: The Universal Mystery Religion*, in J. Campbell (ed.),*The Mysteries: papers from the Eranos Yearbook*, Princeton, NJ: Princeton University Press, 1978, pp. 104–15。

超越了时钟与史籍的测度。[12]

事实上，“不可言说”（ineffable）这一概念正是魔法创世论中的第一和原初定律——与技术中的“绝对语言”定律构成了一对镜像。存在者的不可言说维度是不能用描述性语言把握的，一切将它投入“使用”的努力也是白费功夫——不管是经济生产序列，或是公民身份、技术、科学、社会角色等等。正如意大利哲学家马西莫·多纳（Massimo Donà）最近所指出：

> 魔思（magical thinking）完全且总是生活在一个过程的“原始差异”中，这种差异永远不会完全实现。因此，“魔”是这样一种思维形式：意识到任意一步思维展开的根基处的过量。[13]

在魔法的体系中，存在者的不可言说维度——我将其描述为“生命”——进而会放射出一系列造成实在的本体，其方式与技术既类似又相反。

魔法实在体系与技术实在体系之间的镜像关系是贯穿本书的骨架。按照我的理解，本书是一面折叠起来的镜子，首章与末章、中间两章分别构成彼此的镜面反射。第一章“技世”是

---

12 它与扎加耶夫斯基笔下的西西里也有些许神似：“我们在夜里驶过阴影笼罩，/ 神秘莫测的海岸。远方山岗上 / 巨大的树叶在摇曳，就像巨人的梦。/ 海浪拍打着木船，/ 暖风亲吻着风帆，/ 繁星在天上乱窜，/ 讲述着世界的历史。/ 那是西西里，有人悄声道，/ 一座三角形的岛屿，像猫头鹰的呼吸，/ 死人的手帕。”（*That's Sicily*, in A. Zagajewski, *Mysticism for Beginners: Poems*, New York, NY: Farrar, Straus and Giroux, 1999）

13 我译自 M. Donà, *Magia e Filosofia*, Milano: Bompiani, 2004, p. 172。

第四章“魔界”的反像，第二章“技创世”与第三章“魔造界”也是同样的镜面反射关系。更具体来说，技与魔的创世论中的个别本体也是互为反像的关系：一个体系的第一条原理是另一个体系的最后一条原理的反射，因此也是对立面，反之亦然，各个层次以此类推。作为技和魔两个镜面之间的铰链，我插入了一段题为“何为实在”的简短插曲，旨在澄清我对实在本身以及实在规范机制的理解——不管是由技术、魔法，还是由其他可能的创世力量所塑造的实在。尽管本书余下的部分意在提供一套疗愈工具，但中间的关键部分还是希望能将本书提出的核心方法论作一系统化呈现。 *11*

在这篇简短的导言结束前，我要感谢为本书写作提供了帮助的人们。首先，我要感谢泰奥多拉·帕斯奎内利（Teodora Pasquinelli）——她不仅给予我耐心关爱，更从本书伊始起就帮助我澄清了一批关键概念和文风抉择。如果说本书有一点可取之处的话，那都要大大归功于泰奥多拉与我的无数交谈。我还要感谢给予我决定性帮助、让我开始动笔的盖塔尼迪斯教授（Professor Gaitanidis），以及在本书写作过程中一直支持我的友人阿纳斯塔西奥斯（Anastasios）。感谢布鲁姆斯伯里出版社对我出书提案的信任，特别要感谢拥护它的编辑弗兰基·梅斯（Frankie Mace）。感谢提出意见的同行评审，感谢友人弗兰克·贝拉迪（Franco Berardi）、绍尔·纽曼（Saul Newman）和阿德利塔·胡斯尼–贝伊（Adelita Husni-Bey）的支持与建议，特别感谢友人蒂莫西·莫顿为本书作序。我要一如既往地感谢家人奈丽娜·坎帕尼亚（Nellina）、卢恰诺·坎帕尼亚

（Luciano）和伊丽莎白·坎帕尼亚（Elisabetta Campagna）的亲密陪伴，甚至可以说，他们只要在就好了。最后，我要感谢我的儿子阿图罗（Arturo），他每一天都在向我证明尽管世界有种种黯淡，但终究有着神奇的宝藏。

第一章

技世

实在危机

直到今天，当夜幕降临时，锡甲发出的叮当声依然会从西西里诸城老城区几处敞开的窗口中传出。萨拉森人的军队正在围攻巴黎，查理大帝坐镇城中，等着先前派出的求援信使回来。与此同时，中了爱咒的里纳尔多正在山谷丛林间追逐安杰莉卡，但她中了相反的恨咒，全世界最恨的人就是他。两人上方，云端之上，阿斯托尔福正乘着以利亚的火焰战车驰骋于月球洁白的表面，找寻着奥兰多因为不幸的爱情而失去的理智。洪亮的人声响起，薄薄纸剑的交锋奠定了决斗的基调，战士们的头颅纷纷砸到木地板上。孩童和大人时而无声凝视，时而又哄堂大笑，幕布开合时还伴有阵阵掌声。

自十九世纪以来，传统戏剧木偶戏 Opera dei Pupi[1] 借用文艺复兴时期诗人阿里奥斯托（Ariosto）和博亚尔多（Boiardo）对加洛林故事群（Carolgian Cycle）的再诠释，创作出了延续数代

1　关于木偶戏的发展历程和意义，重点参见 A. Pasqualino, *L'Opera dei Pupi*, Palermo: Sellerio, 2008, including Antonino Buttita's *Prefazione*。

14 的西西里故事。[2] 每个木偶都是独一无二的手工艺杰作，木偶师会精心选择完美的布料、木料、锡料和涂料，务求在舞台上再现传奇故事中的角色。随着故事的展开，安杰莉卡、里纳尔多、奥兰多和他们传说中的同伴会穿越已知和未知的土地，这些土地或许是想象，又或许与免受质疑的任何事物一样真实。但他们的旅行永远是秘密的。每一幕结束时，木偶师会拉上幕布，助手们则赶紧撤掉前一个场景的涂色背景，换上表现新土地的新背景。幕布再次拉开时，壮观的围墙城市出现在舞台上，到了下一场又消失在红色天鹅绒幕布之后，换上空旷的海滩或山巅，空中城堡或孤立海中的礁石，直到幕布最后一次合上，今晚演出的灯光就此熄灭。在木偶戏中，某些东西可以在众目睽睽下移动，其他的则只能悄悄搬走；角色可以任意上台下场，但角色身后世界——固定在木框上的涂色布料——其消失和再现必须秘密操作。

通过动静显隐的混用，西西里木偶剧院带领我们重新体验了文化价值与实在体系的历史变迁。与台上的角色一样，特定的审美观、道德观、正义观似乎也随着数百年历史展开的节律起舞，彼此决斗追逐，突然入场，又突然从台上消失。它们背后固定的是我们称之为“实在”的框架，那是静止的世界图景，为角色的历险记提供了必要的背景。但在幕间转换时，台上不再有木偶师打理经营，让我们不至于目睹灾变情景。背景在众

2　指的是 Ariosto's Orlando Furioso, L. Ariosto, *Orlando Furioso*, 2 volumes, London: Penguin, 1975 和 Boiardo's *Orlando Innamorato*, M. M. Boiardo, Orlando Innamorato: Orlando in Love, Anderson, SC: Parlor Press, 2004。

目睽睽之下被撤去，我们所理解的实在与世界构成物一下子变了样本身就令人震撼，而对幕后黑暗空洞的一瞥更加深了震撼——直到新背景慈悲地到来，让新的一幕重新开始。但那短暂的时间已经向我们揭示了一件要紧之事：背景就像一个静态的木偶，也只是故事中的一个角色罢了。没有任何事物是真正静止的基准（datum），也就是不可动摇的事实。实在本身与任何文化价值一样脆弱而易变，实在的周期性崩溃与再生正是原型意义上的灾变，是劫难（kata-strophein），是我们以为的世界材料的"下台"[3]，随之而来的是世界沦入黑暗混沌——同时我们期盼着空洞被再次填满，被新的宇宙秩序、新的实在填满。

15

随着实在的变化，世界也会发生剧变。文化价值定义了我们解读和评判世界中具体事物的方式，实在本身则指涉我们对于世界是由何种实体造成，又不是由何种实体造成的整体认识。实在层面的变化会带来世界基础构成的突变，进而也会让世界中的存在者、行动和想象之可能性发生突变。在时间长河中，人类曾反复见证实在的灾变：从神灵无数的泛灵世界，到由纯粹理念构成的幽远的柏拉图宇宙；从将神灵精怪逐出物质世界，到用一个由微生物等构成的看不见的世界替代神灵精怪。但大多数情况下，在旧背景开始崩塌的时候，新背景已经做好了取而代之的准备。过渡期总会有不协调，但随之而来的震撼往往更多在于必要的角色调整所带来的困难，而不是凝视角色身后

---

3 参见纳斯林·卡达尔（Nasrin Qadar）对劫难内涵的有趣思考，参见 N. Qadar, *Narratives of Catastrophe: Boris Diop, ben jelloun*, Katibi, New York, NY: Fordham University Press, 2009, pp. 1–15（序言）。

空荡荡的后台。但如果这样的空虚持续得更久，那会如何呢？假如在一种实在形式向另一种实在形式转变的灾变链条的某一个环节中，替代过程冻结在了最不协调的时刻，那会如何呢？角色要如何继续扮演，世界中又有什么能让他们免于瘫痪，如果世界（不只是他们的世界）已经瓦解？

意大利人类学家埃内斯托·德马蒂诺（Ernesto de Martino）16 在一本书中大篇幅地探究了在所谓的原始社会和古代社会中，实在彻底解体所造成的后果。[4] 对于没有关于历史展开叙事的共同信念的社会来说，灾变过后不能保证会出现一个让世界中的生命安居的新背景。如果没有某种干预来挽救实在，周期性地更新实在，那么实在就有可能单纯陷入无止境的混乱。德马蒂诺在 1948 年的《魔世界》（*Il Mondo Magico*）一书中提出了一种理论，认为魔法是古代社会防止坠入没有尽头的灾变，以及重建整体实在的一项重要工具。魔法可以在个人崩溃（我们今天将其列为一种精神疾病）的危急时刻，介入个人微观实在，也可以介入宏观的整体实在。用德马蒂诺的话说：

> 与失去灵魂这种魔性危险必然相关的是另一种魔性危险，即失去世界……当某条可感知的地平线陷入危机时，最大的风险就是所有界限的崩塌：任何事物都可以变成任何事物，也就是说：虚无在萌生。但魔法……会介入，为

4 关于对德马蒂诺笔下终末级别——达到真正的实在危机的程度——的“在场危机”所带来的“人世轮回危机”（E. de Martino, *La Fine del Mondo*, Torino: Einaudi, 2002, pp. 14–15）这一概念的有趣探讨，参见 S. F. Berardini, *Presenza e Negazione: Ernesto de Martino tra filosofia, storia e religione*, Pisa: Edizioni ETS, 2015, Chapter V, pp. 95–117。

> 兴起的混乱划上一个终点，将混乱化为秩序。因此，从这个角度来看，魔法成为了修复陷入危机的地平线的一种工具。于是，与赋予其特征的造物者一道，魔法复原了人们即将失去的世界。[5]

德马蒂诺发现，实在解体与其界限瓦解有关。所谓界限，就是构成实在自身，而不仅仅是某种具体实在的内部约束。这种约束的变动让不同类型的实在得以形成，但界限的完全瓦解则会让实在本身解体。本书之后[6]会用大篇幅讨论这些合在一起让实在得以化生于混沌的、不可消解的元素到底是什么。现在，只需要说“实在”是我们赋予这样一种状态的名称：本质（essence，某物是什么）和存在（existence，某物存在，而非不存在）两个维度在其中既密不可分，又没有合二为一。[7]随着本质与存在不同形式的交替，以及本质与存在的关系在时间中的变迁，我们看到实在也接连经历了不同的形式。但只要本质压过了存在，或存在压过了本质，或者其中之一否定了另一者的合法性，或者切断了两者之间的关联，或者更糟，两者一齐消散了，那么实在本身事实上也就消散了。实在是由本质与存在

17

---

5 E. de Martino, *Il Mondo Magico* (1948), Torino: Bollati Boringhieri, 2010, p. 123，我译自意大利语原文。德马蒂诺新造的 demiurgia 一词在这里译为 demiurgery（造物者）。

6 参见“插曲：何为实在？”一章。

7 按照传统观点，伊本·西那（Ibn Sina，又名阿维森纳）最早在理论上对本质和存在做出了区分。但近年来有观点提出，对两者的区分或许可以向前追溯到九世纪伊拉克哲学家肯迪（Al-Kindi）的著作，参见 P. Adamson, Before Essence and Existence: Al-Kindi's Conception of Being, *Journal of the History of Philosophy*, vol. 40, no. 3, 2002, pp. 297–312。

织成的经纬网，拆解实在需要一名有能力重新将两者勾连的织工（对德马蒂诺来说是“魔法师”），无论两者各自的具体形态和色彩为何。

就我们当下对世界的体验而言，拆解实在之网的感觉绝不陌生。不管我们是将其内化为精神病理，还是企图在当代文化内部发现其症状，我们所生活的时代都被一种幽灵般的在场所缠绕。它不是老一套的“不速之客”，不是那种我们再熟悉不过的虚无主义，将某些与美或道德相关的特定文化价值连根拔起并摧毁。它的活动范围不再是舞台，它的受害者也不仅仅是穿过它的、由木头和布料制成的脆弱木偶。这是一个形而上虚无主义的时代[8]：点燃背景板，拆解实在本身。在它的进攻下，“任何事物都可以变成任何事物，也就是说：虚无在萌生”。事物既趋向虚无，也趋向等价，这是同一个现象的两面。[9]当代正在经历一场变形记，世界被转化为一团由等价货币单位、数据、信息链和识别项构成的看不见、摸不着的云，而这一过程的核心正是事物失去了完整独立的存在，同时被完全转化为

18

8 关于对被某种形而上虚无主义所束缚的当代思维模式的有趣探讨，特别参见 E. Severino, *The Essence of Nihilism*, London and New York: Verso, 2016，尽管塞韦里诺与我对这一问题的诊断有多方面的重要区别。

9 米沃什（Czeslaw Milosz）在《神圣经纶》（Oeconomia Divina）一诗中用抒情的方式表现了当代实在危机的这些方面：“混凝土墩上的公路，玻璃与铸铁的城市，/ 比部落领地还要大的机场 / 突然间没有了本质，分崩瓦解了 / 这不是梦，是真的，因为它们减损了自身，/ 只能一时维持，如同不耐用的物件。/…… 物质不见了 ……/ 四处都是无所在，无所在遍于四处。/ 书上的字变白了，摇晃着，褪去了颜色 /…… 人们陷入不可理喻的愁苦，/ 将衣服扔在广场上，于是赤裸裸地 / 受到审判。/ 但他们徒劳地渴望恐怖、怜悯与愤怒。/ 工作与闲暇 / 得不到正名，/ 面容也不……/ 任何存在都不。”（*Oeconomia Divina*, in C. Milosz, *New and Collected Poems 1931–2001*, London: Penguin, 2006, p. 263）

等价序列单位的集合。然而，要说形而上虚无主义的后果仅仅是物的世界被空洞名称的世界所替代，那也是不充分的。事实上，不仅仅是"'古'如玫瑰，流转千年，如今只余其名"，因为名称本身也空洞化和等价化了，变成了半透明的东西：只有语法包罗万象的力量才能穿过它。一旦不再受缚，语法就会将本质从存在中剥离出来，将前者归约为句法序列中的排列形式，又将后者消解为赘余、杜撰。除了作为一个指示牌，标识其在技术、经济或社会范式的生产句法中占据的位置，"物"在今天还是什么呢？就像一本被归约到纯语法的小说一样，当今时代绕开了意义问题，认为意义是迷信和怀旧的标志，同时又将实在贬低为一个过时的概念，认为一定要克服它才能完全释放自己的潜在产能。

我们不应该把今日目睹的实在危机理解为两个时代或两个实在体系不安但短暂的过渡。恰恰相反，它本身正是一个已扎根下来的时代的症状，它将背景的崩塌推上了由它统治的舞台。它的形而上虚无主义是它的特殊宇宙论的直接后果；按照这种宇宙论，世界"发生"的必要条件是线性的生产序列，而非实在的矛盾复杂。

19

如果说一个具体的历史时期是由实在的状况所定义的，那我们就可以将实在的解体，以及必然随之而来的行动力与想象力的普遍瘫痪，理解为当今时代的"形式"症状。因此，我们探究的下一步必然要在当今时代的形式层面上进行。

技术

为了继续探究当代实在危机的根源，我们要在南意大利再稍作逗留，从西西里北上罗马。我们要短暂跟随歌德的著名旅程，特别要关注他那无所不包的研究中的一条线索。歌德试图抓住植物原初“形式”的探索有助于我们发展出一种对“形式”更清晰的认识——我们将在分析当今实在体系结构的过程中运用这一认识。

> 目睹全新与更新的形式如此繁多，我之前的遐思一下子涌上心头：在这万千形态之中，我能否发现草木之本（Urpflanze）？植物必然有一个原型。否则我怎么能认出这种或那种形式是植物呢，如果所有植物不是基于同一个基本模型的话？[10]（巴勒莫植物园，1787 年 4 月 17 日）
>
> 草木之本将是全世界最奇妙的生物，就连大自然本身也会羡慕我。若是掌握了这个模型，又有了开启它的钥匙，那我们就有可能不断发明出各种植物，而且明白它们的存在是有逻辑的；换言之，如果说这些植物实际上不存在的话，它们也是可以存在的，因为它们不是妄想出来的影子，而是具有内在的必然性与真实性。[11]（那不勒斯，1787 年 5 月 17 日）

20 我游览巴勒莫公共植物园时突然想到，我们惯常称为

10 J. W. von Goethe, *Italian Journey*, London: Penguin, 1970, pp. 258-9.

11 von Goethe, *Italian Journey*, pp. 310-1.

> 叶子的植物器官中蕴含着真正的普洛透斯（Proteus），它有用植物的形式隐藏或显露自身的本领。植物自始至终不过是叶子罢了，叶子与未来的胚种密不可分，以至于从一者必然会联想到另一者。[12]（罗马，1787 年 7 月 31 日）

我们从这三小段歌德日记中能一窥歌德植物形态学理论的关键发展阶段，他后来在小书《植物变形记》（*The Metamorphosis of Plants*）中阐发了这一理论[13]。歌德认为，我们有可能在事物形式连贯性的基础上为事物界定范畴；他阐述的方式表明他受到了古希腊人的影响。如此一来，同一范畴下的所有不同实体都好像是同一个原型的变体，就像同一旋律的变奏一样。原型与普洛透斯一样能够变化为众多不同的特例，同时又保持自身。于是，就植物而言，歌德提出我们可以将叶子视为万千植物由之化生的最初原型，不同种类的植物全都是叶子为适应各自环境的潜在性与必然性而产生的变体。然而，“原叶”—— 与他最初寻求而后来放弃的神秘“草木之本”不同 —— 是无处可寻的；它不像祖先或柏拉图式理念那样存在。我们可以这样说：尽管原叶提供了一个主旋律，某一类实体全都绕着它旋转，但它本身不能归约为任何特定的、存在的实体。

我们可以认为这是一种形态学分析，因为它认为事物个体或集合的决定性特征是分有某一个“形式”，原型又构成了这一

12　同上，p.366。

13　J. W. von Goethe, *The Metamorphosis of Plants*, Cambridge, MA: MIT Press, 2009.

形式的根本和原初主题。只要原型的变体依然在原型主题固有的可能性范围之内，那么变体就是这一类事物的代表者——而一旦变异超出了原型的内在界限，从而背叛了它的形式，那我们就必须承认自己正面对着另一类完全不同的事物。形态学进路尽管有种种缺陷，但还是提供了一种方法，能够从极端复杂的现象中创造出秩序（进而创造出名称），同时又尊重现象的复杂性，避免将现象仅仅归约为秩序或名称的产物。这既是一条形而上学进路，也是一条美学进路，因为它对同一类存在实体的定义是基于对实体间和谐同感的直观与延伸。用这一方法来分析各种对象，往往带有生物学的意味，原因可能是有机体以及它生命与物质矛盾的模式，本身就是虽然融贯却又有着不可归约的复杂性的“形式”之原型。

21

德国历史哲学家奥斯瓦尔德·斯宾格勒（Oswald Spengler）曾用歌德的形态学方法分析人类文明，事实上，斯宾格勒文明分析的基础正是生物学解释。在1918年初版的巨作《西方的没落》中[14]，斯宾格勒摒弃了认为各个时代依次展开的传统线性历史观。他提出的替代图景是一幅由多个独特文明组成的拼贴画，每个文明都像生物体一样会经历成长、成熟、衰老和最终的灭亡。每个文明都如同一个独特的物种，围绕着一个根本原型或者叫“基本象征”（prime symbol），它的形式在它的社会、经济、文化、政治和科学活动中实现。因此，按照斯宾格勒的看法，我们可以将迄今为止的西方历史归约为两种不同文明或者

14　O. Spengler, *The Decline of the West*, Oxford: Oxford University Press, 1991.

叫"高级文化"的"生命"：以"身体"为基本象征的阿波罗文明（公元前900年至公元100年）和以"无限"为基本象征的浮士德文明（起于公元1000年，按照斯宾格勒的预测将终结于公元2000年前后）。同理，我们可以认为阿拉伯中东地区的麦琪文明（公元100年至公元900年）的核心原型是"魔法洞窟"，古埃及文明的核心原型是连接生死的"道路"，等等。每个基本象征都定义了一个文明的可能性范围，影响着文明处置世界的方式；阿波罗文明的思想与行为框架是以"当下""附近"的关切为中心的，浮士德文明则将精力投入于"永无止境"地追求一切形式的无限，从数学到科技，从政治到音乐。 22

斯宾格勒写过一些极其令人不安的内容，显示出他对纳粹主义基础意识形态的强烈青睐，尤其是在1931年的小书《人与技术》（*Man and Technics*）[15]中，他认为"技术"（Technik）是浮士德文明的特殊（尽管并非独有）产物，并将其与对无穷力量的渴望联系在了一起。斯宾格勒认为技术的本质与"捕猎的野兽"对暴力剥削和主宰的本能（他认为这种本能是"高贵"的，与他对尼采的误读一脉相承）有关，从而揭示了技术与西方现代性的基本关联，以及技术将实在连根拔起并加以改写的本质倾向。

二十世纪最包容综合的德国作家之一，恩斯特·云格尔（Ernst Jünger）亲眼见证了技术的上述两个方面，尤其是它的暴力性。云格尔志愿参加了突击队，在第一次世界大战的"钢铁

15　O. Spengler, *Man and Technics: a Contribution to a Philosophy of Life*, London: Arktos Media, 2015.

风暴”中勉强幸存。在西线的战壕中，他有机会体验到了技术毁天灭地的力量，实实在在地将世界的实体连根拔起，像“元素之力”一样释放威力，能够将人类以为的万世不易的世界根基改写。当时还年轻的作家一下子就明白了，第一次世界大战不只是一种新式“物质战争”的黎明，更是一种全新实在的诞生。从淹没了旧实在的杀人洪水中即将浮现出一个新的宇宙秩序——这种变迁经历既让云格尔陷入彻底的瘫痪，又让他产生了一种奇特的激动。

> 在这里，事实上也只能在这里，我曾注意到一种感觉像异国般陌生的恐怖力量。我在经历它的时候感到的不是害怕，而是一种迷乱、近乎着魔的轻盈。……逻辑思维能力和重力感似乎都消失了。我们产生了一种无处可逃的感受，一种无条件的必然性，仿佛我们正在面对元素之力。[16]

23 这种“着魔的轻盈”在两次世界大战间隔期也没有放过云格尔，他在1932年的《劳动者》(*Der Arbeiter*)[17]一书中试图将早年对于新时代精神的直觉提炼出来。云格尔描绘了一幅迷乱的终末景象，一个新的世界作为技术的产物而重生，新世界的核心是总体化的劳动原理。这里不再有我们通常理解的“劳动”(work)，劳动（Work）成为了一切社会规范与社会结构所遵循的根本原理。随着技术消灭了一切之前的实在形式与一切脆弱

16 E. Jünger, *Storm of Steel*, London: Penguin, 2004, pp. 93, 95.

17 E. Jünger, *The Worker*, Evanston, IL: Northwestern University Press, 2017.

的旧价值观残余，劳动改变了一切事物的内核，尤其是人类的内核，仿佛整个重写了人的遗传密码。于是，劳动这一基本象征的实现等同于存在者的突变，它将兼有形而上学、伦理学与美学的方面。

> 基本创生能量的一大特征是，它有能力将象征符号固化为如自然过程一般的无限重复，就像阿坎瑟斯叶、菲勒斯、林迦、圣甲虫、眼镜蛇、日轮、卧佛一样。在这样构成的世界中，外乡人感到的不是敬畏，而是恐惧。直到今天，人们在夜色中的大金字塔面前，在日光下的塞杰斯塔孤庙面前，依然不可能不感到害怕。代表着**劳动者**这一人类形式确乎正在朝着这样一种世界迈进，它清晰、封闭于自身，就像魔法戒指一样；这一形式距离这个世界越近，个体就越会成为这一形式的人。[18]

经历了纳粹崛起、儿子丧命战场、德国瓦解，还有对云格尔最重要的一点，原子弹的发明，他才在勇敢迎接技术掌权的道路上来了个急转弯。在本书的最后一部分，我们会回来讨论云格尔思想中的这一迷人转向，他转向了一种神秘化的个人无政府主义。[19] 现在，我们要从一个少些抒情、多些严格的哲学角 *24*

18　E. Jünger, *Der Arbeiter* (1932)，我译自意大利文版 *L'Operaio*, Parma: Guanda, 2010, p. 207–8。

19　云格尔与弗兰科・沃尔皮和安东尼奥・尼奥利（Antonio Gnoli）的谈话很好地再现了云格尔在人生不同阶段的观点变化。谈话录发表于 A. Gnoli and F. Volpi, *I Prossimi Titani: Conversazioni con Ernst Jünger*, Milano: Adelphi, 1997。大部头云格尔传记中也能发现这样的内容：H. Schwilk, *Ernst Jünger: Una vita lunga un secolo*, Torino: Effatà, 2013。

度来继续探究技术本质的问题。我们首先要考察另一位饱受争议的二十世纪初保守派革命拥护者对技术的思考：马丁·海德格尔（Martin Heidegger）。海德格尔在1954年的《技术的追问》（The Question Concerning Technology）[20] 一文中发展了云格尔和其他两次世界大战间隔期作者曾勾勒出的若干主题，对我们所理解的技术本质给出了准确定义。他的答案位于集置（Gestell）与工具性（instrumentality）这两个概念之间。作为世界的“真实”元素现身于我们面前的一切（换言之，真实或无弊在于将真相隐藏起来的遮蔽被除掉，呈现为我们经验中的一个客体）都处于一定的框架之下。因此，集置就是我们得以体验世界的一个关键过程，因为集置让我们能将事物理解为清晰分明的实体。技术的本质就是集置世界的一种特殊方式，技术将世界除蔽为一个“备用材料库”，因为一切事物都只有储存起来的工具价值，此外什么都不是。森林不再是森林，而是等待被送走加工的木材库；瀑布不再是瀑布，而是等待被开发的水电单位库；人不再是人，而是等待被使用的劳动力库；等等。海德格尔就此指出，技术的本质就自身而言并非技术性的，而是“施加于人的设置的集聚，也就是催逼人前进，以秩序化的模式，将实在揭示为备用材料”。[21] 按照海德格尔的假说，如果我们将实在理解为一个框架，存在者在其中将自身呈现于我们的经验，那么我们就能发现技术如何主要是一种特定的实在体系，从而也

20 收录于 M. Heidegger, *The Question Concerning Technology and Other Essays*, New York: Harper, 1977。

21 同上，p. 20。

是事物在世界中涌现的特定方式。根据海德格尔的说法，技术的“除蔽”方法本质在于将一切事物表现为这样：每一个事物都可以完全归约为它在生产装置内被调用的工具价值——而这种装置本身又不过是另一种服务于扩张自身的备用材料，如此沿着构成技术的宇宙结构的无尽螺旋，以至于无穷。

25

尽管海德格尔关注的问题是技术的本质，但他并没有采取完全非历史性的视角。恰恰相反，按照他的宏观哲学观，他将技术理解为一种特定的“除蔽”形式，是世界史中一个特定时期的特征——最戏剧化的一点是，他发现自己正好生活在这个时期中。意大利哲学家埃玛努埃莱·塞韦里诺（Emanuele Severino）再次对技术这一形式进行了历史进路的哲学分析。他的《技术的命运》[22]一书于1998年面世，总结了作者数十年研究的若干重要方面。[23]按照塞韦里诺的观点，我们可以通过考察技术在当今世界内部发挥的角色来认识技术的本性。纵观近观代史，所有彼此争夺全球霸权的政治、经济或宗教体系都不约而同地大力发展技术装置，将其作为主要的竞争优势。它们沉浸在激烈的成败争夺中，极力推动技术扩张，以至于技术最终成了它们唯一的目标（吊诡的是，因此也成为它们共同的目标）。它们无止境地扩张将世界投入生产过程的能力，让扩张成为了

22　E. Severino, *Il Destino della Tecnica*, Milano: BUR, 1998.

23　塞韦里诺出版过许多本书，其中下列著作对理解他关于技术和虚无主义（以及摆脱两者死结的一种潜在出路）的整体思考历程特别重要：E. Severino, *Essenza del Nichilismo*, Milano: Adelphi, 1995; E. Severino, *Destino della Necessità*, Milano: Adelphi, 1980; E. Severino, *La Tendenza Fondamentale del Nostro Tempo*, Milano: Adelphi, 1988; E. Severino, *Oltre il Linguaggio*, Milano: Adelphi, 1992; E. Severino, *La Gloria*, Milano: Adelphi, 2001; E. Severino, *Intorno al Senso del Nulla*, 2013。

世界新的命运，由此抹杀了其他一切意识形态的区别。除了绝对工具的精神以外，技术的本质还会是什么？按照这种精神，万物都只是达成目的的手段——而唯一的终极目的又是无限地扩张生产力存量。

26

> 与经济、政治、道德和宗教力量不同——这些力量的目标都是生产一个特定的**目的**（telos），是排除其他一切目标和力量——技术倾向于将自身构造为一部涵盖全球的装置，其他力量乐于将技术用作自身的手段，并企图将技术归约为派系纷争，技术却越来越超脱于这种冲突；换言之，技术的宗旨不是追求一个特定的排他性目标，而是无限增强追求各种目标的能力，也就是无限满足需求的能力。这些力量既然陷入了冲突的境地——主导这种境地的意志是通过强化手中的工具来胜过对手，而工具的效力是由其技术和理性-科学属性所决定的——它们便终究必然会放弃自身的特定目标，而这恰恰是为了避免放慢脚步，避免对不断强化手中工具——也就是它们企图借以追求自身目标的科学-技术装置——的过程施加限制和削弱。[24]

在斯宾格勒那里，我们看到技术是一种浮士德式的冲动，趋向无止境的推翻与捕猎行动。在云格尔那里，技术是能够将人转变为劳动者这一普遍“类型”的力量。在海德格尔那里，

24 E. Severino, *Il Destino della Tecnica*, Milano: BUR, 1998, pp. 43–4. 我译自意大利文版。

技术是一种集置，将世界揭示为有待生产利用的备用材料库。最后，在塞韦里诺那里，技术又是世界和世间万物的“命运”。换句话说，我们开始将技术视为一股强大的创世之力，它能够接管实在本身的状态并按照自己的原理来改造它。

然而，这种对“技术”的构想绝非唯一可用的概念。例如，法国哲学家吉尔贝·西蒙东（Gilbert Simondon）一脉的思想就与我们之前讨论的观点截然相反。西蒙东的技术本质观从根本上对“质料”与“形式”的区分提出了挑战。西蒙东在《论技术物的存在方式》（*Du mode d'existence des objets techniques*）[25]和《心理个体化与集体个体化》（L'individuation psychique et collective）[26]中提出，技术本质上是一种功能，位于他所谓的“个体化”过程的核心。按照西蒙东的看法，一个物（任何物，从水晶到个人到大规模人群）从来不是稳定地个体化为“此”物的，而是处于一个将原发的、满溢出的潜能实现的持续过程中。随着个体化过程的展开，我们会经历一长串“个体”，每个个体都是由特定的局限性所定义的，也就是它在所处特定阶段与环境相互作用时的局限性。但在实现的个体序列之外总是有着未实现的无限潜能。在这套体系下，技术本质上就是个体与环境之间的协调者：在个体与周遭世界的相互关系中，个体通过技术这一过程超越自身局限性，从而超越自身的形式。如此一来，技术既是一张关系网，又是界定个体的过程。在这

27

25　G. Simondon, *On the Mode of Existence of Technical Objects*, Minneapolis: University of Minnesota Press, 2017.

26　收录于G. Simondon, *L'individuation à la lumière des notions de forme et d'information*, Grenoble: Editions Jérôme Millon, 2005。

种技术观与个体化概念的基础上，西蒙东主张超越传统的文化—技术对立（以海德格尔为代表），从整体的高度将两者视为本质上相互依存的领域。这一立场也影响了我们对当代的理解：我们发现技术之所以处于异化状态，只是因为文化应激性地拒绝“真正”与技术合流。对西蒙东来说，工业技术造成的种种丑恶——比如对人的剥削、总体战和环境破坏——只是因为我们固执地将前工业时代的逻辑运用于彻底工业化的新环境。只要我们能够按照西蒙东对技术的再诠释来理解技术，那么当前的状况就会被克服，重新将技术融入文化，将文化融入技术。毕竟，如果任何个体都既是自己的技术，也是自己的产品，那么我们真正的错误或许正在于将技术视为一个独立的领域。

因此，西蒙东的观点倾向于将我们的技术观推倒重来，而不是分析当下时代的内在特殊性——他将这种分析视为一种错误的技术诠释学的不幸产物，于是将其抛弃。在这种意义上，他与前述种种分析（以及本书的观点）的距离甚至比乍看上去还要更远。西蒙东倡议将一切形式界线统统模糊掉，迈向开放的“化成”之域，由此类似于一种真正的浮士德式冲动在形而上层次得以释放。万物都在无尽地“化成”自身的不同个例，某种程度上体现着最宏大的无限生长。如果我们认为这种观念与技术的实在体系（更确切地说，是技术的非实在体系），特别是下一章要讲述的技术创世论其实是一回事的话，那也情有可原。西蒙东的技术个体融合论所显示出的存在概念相当于“语法位”的无尽生成，最终泯灭了存在本身。本书第二章会详细探讨这一概念的影响。我们现在接下来恰恰要放下对“语法位”的认识，以及我们认为它在技术体系构造中以何种方式享有基础要素地位。首先，我们会考察测量这一概念，追溯它当代用法的根源到一种特定的因果观念。接下来，我们会从这种因果观念的语言基础说开去，一直谈到它与无限律令的关系。

测量与无限

就在围绕技术的争论开始发展的年代，模块化建筑技术也在全球兴盛起来。二十世纪初，利物浦修建了最早的预制混凝土板房公寓。到了 1940 年，西尔斯·罗巴克公司已经售出了五十万多座预制住宅。模块化建筑顺应了人口增长的需求，二战后又能满足快捷高效重建空袭被毁房屋的需求。与此同时，它完全符合不断扩大的流水线工业设施生产潜力，成为了流水线生产的物质具象和关键象征。模块化建筑将一座建筑的结构理解为一系列不同的建筑位点，能通过无限可复制的工业单位来实现。这些单位——从单块水泥板到整体预制屋顶——被设计为符合所要占据的位点的测量值，同时又构成了测量值的化身。如果说直到此时为止，一座建筑的设计施工还是一个完整的叙事，人们能够解读它，但不能将其还原为句法元素，那么随着模块化建筑的胜利，建筑的本质就被还原成了语法位的装配。这种视角转换改变了人与建筑之间的关系，从基于意义的关系转向基于一种功能性语法的关系。在隐喻层面上，模块

29

化建筑的支持者们——或许是无意的——翻译了建筑，同样的宇宙性转换，也正由作为时代形式的技术施加于实在整体。

我们可以把模块化建筑的本体论基础描述为位点的本体论，而非事物的本体论。技术体制内部运行的也是同样的本体论范式。测量概念在两者中都是重要的工具，用于生成某种特定世界，或更准确地说，生成世界借以浮现的某种特定形式。如果我们这样来看待技术，那么它就是一股创世之力，将自身的形式强加于实在和世界，我们也就能认识测量在技术的内部架构中发挥的作用。与所有形式一样，技术施加的形式是由技术内部的几何结构决定的。与模块化建筑一样，这种几何学由两个看似矛盾的基本元素构成：测量概念与无限概念。两者分别是技术的几何中心与外部轮廓，为我们提供了一个有意义的参照点，以便理解作为技术实在体系之特征的潜在范围和行动类型。

我们先来看测量。但因为这个概念深深嵌入技术的几何结构中，所以我们必须反推。我们先考察技术在日常生活经验中最明显直接的一个方面——强调生产与工具性——再从那里倒推，直到我们在技术的基础或内核处发现测量概念；路径是 30 从生产和工具性到因果性，再到语言，最终抵达测量。重要的是要立即指出：我们考察的不是这些概念本身，而是它们在技术创世形式内起作用的特殊版本。

如前所述，技术对实在的改写可以——至少表面上可以——归纳为前者只承认工具性是唯一合法的本体论立场：任何事物只有作为工具才是合法的存在，等待被投入到无止境的生产其他工具的过程中。但工具性本身并不是一个完全自足的概念；它依赖其他更基础的概念才能立得住。我们在工具性的内核处发现了因果性，因果性也是工具性的必然推论。工具性与因果性的密切关系是显而易见的；除非一个事物能够生产出另一个事物，且后者是前者活动的直接结果，否则就无所谓工具。工具的活动必须是构成其产品的具体（物质或非物质）效果之直接原因，如此方可有生产。换句话说，如果我们不是已经有了更一般的因果关系概念，那便不会有工具。然而，因果性概念并不像乍看起来那样平凡和不成问题。按照大卫·休谟（David Hume）的理论，某事物是另一事物原因的想法并不是一个事实，在我们对世界的直接经验中很容易就能找到。相反，休谟认为我们看到的不过是接连发生的事情，先发生的我们称之为因，后发生的称之为果：火烧到了纸，然后纸着火了。因果性并不是自然力，而只是我们投射到接连发生的自然界事件上的某物。基于休谟的直觉，康德在自己的哲学体系中探讨了任何因果概念都有的这种矛盾特性，并加以发展。

> 通过理性永远不可能理解某物何以能是原因，或何以具有效力，这种关系必然只能来自经验。因为我们的理性规则只能按照同一和矛盾来进行比较。但我们说甲物是原因，甲物出现，则可推断乙物也会出现，这里面找不到任何基于理性的关联——同理，如果我不想将甲物视为原因，也不会有矛盾出现，因为“甲物成立，则乙物不会出现”（这一设想）并无自相矛盾之处。因此，如果它们不来自经验，那么作为原因的事物这一基本概念（效力与活动的原

31

因），便是完全武断的了，它既不能被证实也不能被证伪。[27]

因果性是一个武断的概念，但我们似乎不能没有它。事实上，因果性更多反映的是我们认识存在者（或者存在者如何向我们除蔽它自身）的方式，而不是存在者的内在结构。因此，康德将因果性放到了他的"范畴"系统内——范畴是纯粹知性概念，界定了存在者向我们的经验显现自身时必然要通过的方式。按照康德的看法，因果范畴属于关系一类，我们将自身向一切经验开放时都必然要经过因果的过滤。

然而，我们对世界的经验不仅要经过"天生"自带范畴的过滤，还要经过各个历史时期中占据霸权地位的具体实在体系的过滤，世界是通过实在体系才呈现为某一个特定的世界。尽管康德范畴或许确实无差别地适用于人类的一切经验，但同样确实的是，这些范畴本身会受到历史上出现的各种创世力量的塑造。这就是说，空间、时间、因果等自带范畴并非对古往今来的每一个人都是一样的，而是会受到实在设定的影响，实在设定又是由当时占据霸权地位的创世力量所强加的。因此，在技术时代，就连我们人类最基本的、通过其经验世界的范畴本身，都要被工具性规范、被无止境扩张生产性装置的律令所改造。今天我们谈论因果性概念时，绝不能仅仅将其视为技术的生产概念框架之内的一个要素，而同时要将因果性本身视为这

27 I. Kant, *Dreams of a Spirit-Seer* (1766), 2, 370, in *Theoretical Philosophy, 1755–1770*, translated and edited by D. Walford and R. Meerbote, Cambridge: Cambridge University Press, 1992, p. 356.

一框架的产物，从属于该框架的规范与律令。比方说，这意味着因果性不再适用于不可重复的、独一无二的创造形式——传统上，我们将这种形式归于神对世界的奇迹干预。相反，因果性必须指涉生产，而非创造。因果性的具体功能是为无限展开的工具生产过程提供坚实的基础。 32

目前为止，在向技术的几何中心行进的路途中，我们已经看到了技术将世界归约为生产工具的做法如何依赖于一种特殊的因果观。但是，我们与测量这一核心概念还隔着一步。如果我们从技术视角内部去考察因果性，那么因果性还依赖于另一个概念框架。如果我们要按照无止境生产的要求来调整因果性概念，那我们就必须假设有一个底层的概念框架，它能确保“原因”和“结果”之间的关联是完全可预测和有序的。我们发现像这样维系着技术的因果性概念，并担当其概念基础的东西是语言原理。我们又一次要透过技术来考察语言了，也就是去探究语言在世界中实现技术形式的能力。经过技术的规范形式过滤后，语言将自身显现为一种生产方式；通过语言这一基本方式，单位组成的序列链条才可能产出，进而形成单位之间的生产关系。语言的这一方面显示了技术世界特有的本体论：不再是“物”的本体论，而是“位点”本体论。对创造一个致力于无止境的工具生产的世界——事实上，这个世界不过是无止境的工具生产而已——来说，转向“位点本体论”是一个关键条件。现在我们来更详细地考察语言是如何显示出这一位点本体论的，它又在何种方面关联于技术将自身形式强加于世界。如果从语法角度来考察语言（也就是考察语言内部的运作与生

33

产模式，而非语言与非语言实体的再现关系），我们会看到一个序列体系，其中有若干位点可以由潜在无穷多个等价表意单位来填充。比方说，在填充一个名词或动词的位点时，任何候选语义单位本质上都是无差别和彼此等价的——尽管从实际使用来看，当然会有某些单位相对于另一些单位在传统上与某个位点的关联更紧密。在语言内部，第一位的存在属于语法位，而不是可以无差别填充语法位的等价语义单位。在语言的位点本体论（这也是技术的基本本体论）内部，语义单位只能企及一种存在，那就是分有其填充的语法位的完全存在。同样地，语义单位所能主张的唯一本体论差异或独特性，都完全依赖于分有它们可填充的各个语法位的差异和独特性。在这个意义上，我们可以将语言理解为根本序列体系：它的本体论将第一位的存在赋予语言序列中的位点，接下来才将第二位的存在赋予被唤来激活位点的语义单位，如果不被唤来，语义单位就是空洞和等价的。语言的序列性使其位点得以不断增殖和自我复制，手段是动用和唤来无限量供应的、非经唤来则空洞等价的语义单位。如此一来，语言的序列体系就成了生产链条的原初范例；通过两者共有的序列位点本体论，以及位点相对于激活位点的单位所具有的本体论优先性，序列本身的无限生产扩张才成为可能。于是，语言就成为了技术时代的基本生产和微“行动”方法，因为语言的序列本体论能够维系可预测的、可无限扩张的因果性概念，而因果性概念又是工具性概念的基础支撑。

在这里，我们终于触及了一直在寻找的技术创世形式的几何中心。在技术生产框架内部考察过语言的角色之后，我们就能看到语言本身是如何依赖于一个终极的、根本的概念：测量。事物的本体论依赖于实体概念，位点的本体论则依赖于测量概念。生产语法中的位点和序列单位之所以能从存在的同质混沌中涌现，测量是必不可少的原理。每个位点都发挥着次级测量值的作用，塑造和定义了将其激活的单元；同时位点又依赖于由总体语法序列强加的初级测量值。作为一种基本的生产方法，语言提供了塑造和定义语言中可用位点的初级测量值——这些位点则充当与被唤来填充位点的单位相关的次级测量值。作为技术语言的基础，因而也是技术的序列生产体系的基础，测量概念的关键是"切分"世界的原初行动，让世界能够无限地重新组合。或者更确切地说，测量是创造出作为切分块目录的世界的行动——在测量"切分"之前，世界根本就不存在，事实上没有任何事物真正存在。测量过程，也就是"切造"（creating-by-cutting）过程，是可以无限重复的——正如技术世界中的序列生产可以无限扩张。正是在这一点上，我们认识到了测量概念作为技术几何中心的根本重要性。测量让语言能够作为一套序列体系来有效运转，从而为因果性概念维系工具性原理提供了本体论基础。在这个意义上，测量可以被认为是技术施加于世界的形式——从而让世界成为它的世界——的几何中心。

34

现在我们来看定义了技术几何形式的第二个要素：无限。如果说测量概念规定了技术"集置"存在者的方式，那么无限概念就划定了集置过程的范围与限度。测量指涉的是技术创世之力的内部节奏，无限则指涉技术扩张和增殖的规则。乍看起来，测量与无限或许是一对矛盾的组合；测量是一种划定界限的形式，它怎么能无限进行下去呢？但是，这两条几何定律——仿佛逆行一般——恰恰是被两者共同塑造的那股力量结合在了一起。如前所见，测量是技术内部的一条基本本体论定律，测量让独一无二、不可归约的“物”的本体论得以转换为序列位点的本体论。通过这个过程，“物”被归约为等价单位，只是因为能够激活语法位才在场于世界中。反之，无限指的是序列的无穷性：序列中永远可以加入新的位点，从而强化序列原理本身，以至于无穷。在位点本体论中，划定界限的不再是“物”的稀缺，以及事物可能重组方式的范围；相反，划定界限的是位点在单个序列中，序列本身作为位点在更大的序列中，以及最终在序列性原理中的无穷扩增潜能。序列位点的本体论上的空洞使其可以无边际增殖。事实上，位点的外部轮廓正是由其扩增的无限所定义的。

35

除了无限在技术形式中扮演的这种几何定律性质的角色以外，我们还可以通过让技术成为霸权创世力量的历史条件来考察技术与无限的关系。借鉴斯宾格勒的直觉，我们可以这样理解无限概念在技术实在体系内的重要性：它是技术的历史性渴望的显现。斯宾格勒将这种对无限的渴望追溯到浮士德的故事，他将浮士德引为当今时代的象征：一个不满足自己的生活，用灵魂交换无限的知识与享乐的人。浮士德的故事和他对无限知识的看重，同样隐喻着经由知识而扩张力量，以及海德格尔也讲到的作为支配的知识。但在今天，对无限的渴望不仅与无限知识和物质享乐有关，也与无尽生命有关。罗马尼亚宗教史学家米尔恰·伊利亚德（Mircea Eliade）1948年的《神圣的存在：比较宗教的范型》[28]中有一节写得相当精彩，他指出了一个他所说的“闪米特文化”（事实上涵盖的范围从巴比伦到基督教，再到伊斯兰教）和古希腊、印度文化在终极愿望之物（*desiderata*）上的重要区别。一边渴望的是无限延长寿命：永生。

> 根据传说，所罗门王请示巴女王给予他永生，她告诉了他一种生长在岩石之间的药草。所罗门遇到了一位“白发”老人，行走的老人手里正拿着永生草，并很高兴地给了所罗门。因为只要他拿着草就不会死，而永生草带给他的只有永生，并没有青春。[29]

另一边渴望的是在漫长（尽管并非无限）的生命结束前保持青春。 *36*

> 印度人的理想不是**永生不死**，而是**返老还童**。……一个乐于生活、热爱生命的印度人并不想永生，而只想拥有漫长的青春。永生诱惑不了贤者或密契者——他们渴望解脱，而不是永久持存……希腊人也是如此；他们不渴望永生，但渴望青春和长寿。在大多数关于亚历山大大帝的传说中，他都为有人会追求永生而感到惊讶。[30]

---

28 M. Eliade, *Patterns in Comparative Religion*, Lincoln, NE: University of Nebraska Press, 1996.

29 Eliade, *Patterns in Comparative Religion*, p. 292.

30 同上，pp. 294-5。

这两种对待有死性的不同路径将我们引向了无限概念的最后一个方面，进而界定了技术世界中行动与欲望的范围。长葆青春只是希望推迟衰老和痛苦，追求永生的目标则是无限期地暂停死亡。永生不是永恒，而只是在场的绝对形式：既是说“世界中的在场”不再受到死亡施加的束缚（*ab-solutus*，即不受束缚），也是表明“世界中的在场”以外的任何事物都不允许存在。于是，永生不再是生命的一个维度，因为生命是与死亡相关联的；但永生也不是存在的一个维度，因为存在是超越时间概念的；恰恰相反，永生变成了一种无止境在场的形式。比较它与技术的位点本体论会发现，它与追求永续“在场”的路径如出一辙（因为严格来说，位点既不存在，也非在场，而只是在场的形式），而恰恰因为它是在场，而不是生命或存在，它才提供了可以承载工具性和生产力这两个概念的维度。因为无限宣称要废除外在于它的一切（如果根本没有界限可以让“外在”存在于界限之外，那怎么还会有任何事物外在于它的无限增殖呢？），所以技术提出：对于它的本体论和它对彻底利用存在者的调用来说，不可能有任何“外在”。

37 接下来，我们会从技术世界靠后的几个方面继续阐发，也就是：技术没有“外在”，以及技术将存在清除掉，换上了被监管的在场形式。下一章会详述放逐存在在技术创世计划中发挥的关键作用。那时会从形而上学的角度去考察。而在阐述技术体系对世间日常生活影响的本章中，我们会继续思考从存在转向（被监管的）在场的后果，看一看这种转向对技术统治下的人们所造成的生存代价。

无外

2008年2月26日，斯瓦尔巴全球种子库（Svalbard Global Seed Vault）正式投入运营。种子库建于北极圈内斯瓦尔巴群岛斯匹次卑尔根岛（Spitsbergen Island）上一座砂岩山下120米深处，距离北极点约1300公里，目前存放着全球4000多种植物的种子。尽管种子库里的种子只占全球植物总数的几百分之一，但它的目标依然是整体植物物种多样性的中央后备库。安全偏僻的位置、牢固的建筑、最新的技术、复杂的安保系统使它成为终极保险箱的理想选择，有可能恢复任何因自然事件或政治危机而灭绝的种子。如果全球最大的种子库千禧年种子库（Millennium Seed Bank）因突发灾害或经费削减而毁灭的话，理想情况下斯瓦尔巴种子库能够成为保护地球生物多样性宝藏的最后守护者。在广义基因库以及不断扩大的生物数据库的配合下，斯瓦尔巴种子库一类项目准备与逼近的生物灭绝威胁展开斗争，手段是为每个物种记录和储存足够多的遗传信息，以便让科学家可以随意将其复制出来。建立种子库只是对许多有意无意沉浸于终末恐惧中的当代幻景的最新回应之一。与任何文化形式一样，千禧年焦虑由来已久，走过了许多个世纪，随着各个时代而变化。在冷战的几十年里，最突出的终末想象围绕着核战争突然将人类彻底毁灭这一场景，近年来则换成了各种地球生命形式的逐渐灭绝。 38

表面来看，我们对灭绝的恐惧可能仅仅源于现有生产消费体系的不平衡与不可持续。但事实上，灭绝恐惧在集体思想中的传播与巩固，揭示了一种与技术强加的实在体系本身的深刻概念之间的连续性。为了理解这种形式的终末焦虑与技术的内在结构之间的固有联系，我们应该考察灭绝相对于一种更“传统”的消失形式——死亡——而言的特性。尽管看起来指的都是消失和崩溃的同一件事，但死亡和灭绝在各自的主体方面是不同的。死亡降临于活着的个体，不管是字面意义（“一个人死了”）或是隐喻含义（“一种古代语言死亡了”）：死亡意味着一个具体的、个体的、活着的物不再存在。灭绝则降临于抽象的类，通常是某个动物或植物物种。个体的人、马或橡树可以死亡，但不能灭绝。反之，作为物种的人、马或橡树可以灭绝，但不能死亡。死亡适用于独一无二的“物”，灭绝则适用于语言分类序列中的位点。从对抗死亡的角度看，只有具体个体的实际生存才可以认为是成功；而到了对抗灭绝的逻辑之下，只有保存激活某个位点的可能性才算成功。一旦熊猫的基因图谱绘制完成，那么即便现在所有实际活着的熊猫个体都死亡了，那也不算真正灭绝：只要“熊猫”这个遗传位点还可以被再次激活（也即，潜在地通过创造活体个例来实现），那么灭绝就不会成真。即便我们永远不能再次创造出一只真实的熊猫，熊猫位点有被再次激活的潜能也已足够。灭绝的逻辑（同时作为恐惧的对象和待解决的问题）与技术创世论一脉相承，其基础是位 39 点相对于物的本体论优先性，位点只允许物作为其潜在填充者或激活者分有自己的存在。在这个意义上，对灭绝的病态恐惧的霸权地位，反映了人们关于一个实在体系的沉默共识；在这个实在体系看来，物种之类的序列位点比个体生物更“真实”，因此更值得保护。如果将这套逻辑推到极致，我们会发现只有具备被激活潜能的位点才是真正的存在，而“物”本身仅仅是（并非严格意义上必然的）位点激活事件。潜在取代了实在。

对存在的范畴——它们塑造并应用于当下对世界的认识——进行如此深入的重构，只是一个漫长得多的过程的最新阶段罢了，这一过程也就是将物的世界翻译为位点世界的过程。早期技术的批评者指出，这个过程的一个关键阶段是它的工业形式占据主导的时期，特别是十九世纪至二十世纪上半叶。海德格尔谈到技术的工具性原理对周遭世界造成影响时，他主要而具体参照的技术在世界中的角色，与他那个时代的工业形式有关。路易-费迪南·塞利纳（Louis-Ferdinand Celine）在小说《长夜行》[31]关于芝加哥的一节中生动描绘的庞大机器、燃煤与蒸汽的洪流、将工人剥削到底的炼狱，构成了一架硕大无朋的翻译装置。从更宏观的技术演进创世论的视角来看，这架装置的主要职责其实是一项初级工作，即将物（树木、瀑布、人）的世界翻译成一个由可以直接理解为工业生产序列内备用材料（木材、水电单位、劳动力）的位点所组成的世界。工业技术时代面对的世界还在试图反抗，至少在最基本的保持自主存在的意义上。任何潜在的翻译对象都必须被赋予一定的基本自主存在，将它与它要转变成的新体系区分开来。云格尔正确地指出，资产阶级的个人观念很快就会屈服于“劳动者类型”；但不同于这一类型的东西仍然存在，至少刚好能够被技术所压制和征服。 40

31 L.F. Celine, *Journey to the End of the Night*, London: Alma Books, 2012.

这是技术作为一股霸权创世力量得以巩固的初期阶段，一直高歌猛进到20世纪70年代末。大约在同时，演绎工业时代绝望生活的诗人查理·卓别林（Charlie Chaplin）也去世了。当时，技术迎来了一项决定性的转折。我们今天所说的“后福特主义”兴起了，与先前工业技术时代的成熟标志“福特主义”相对。根据近年来越来越多学者的考察——特别是弗兰克·“比弗”·贝拉迪（Franco ‘Bifo’ Berardi）[32]和克里斯蒂安·马拉齐（Christian Marazzi）[33]等意大利传统下“后工人主义”思想家——后福特主义与资本主义生产方式的剧变基本同时到来。经济体制从主要基于物资生产和剥削有组织的劳动力，转向了“灵活”和“重组”的生产形式，这一形式的重点是信息与服务，它嵌入了失去整体性的劳工大众的生活当中。但从我们现在讨论的技术何以影响世界形式的视角来看，这种具体的社会经济变迁并不算太重要。福特主义与后福特主义两者间真正的范式转换在于：翻译的循环终止了，总体语言（total language）时代开始了。我们前面将工业技术形容为一个宏大的翻译过程，这其实并非隐喻；如前所述，技术的几何中心是测量概念，测量概念又通过语言系统引出了工具性概念。为了让物的世界屈服于自己的位点宇宙，工业技术采取的手段是将物转换为技术序列体系内的语言等价物。物不只是在宽泛意义上被归约为它们的名称，更在具体意义上被翻译成了它们的技术

32 参见 F. ‘Bifo’ Berardi, *The Soul at Work*, Los Angeles, CA: Semiotext(e), 2009。

33 参见 C. Marazzi, *Capital and Affects: The Politics of the Language Economy*, Los Angeles, CA: Semiotext(e), 2011。

性名称。但是，这种翻译工作之所以可能，必须有某物（任何物都可以）仍然是技术语言掌控之外的独立实体。一旦技术语言确立了它作为何为合法存在的唯一判定者的地位，从而事实上接管了整个存在界，那么翻译工作就不再能依赖于它之前的基础，即基本层面的他异性了。随着技术语言之外的物都消失了，技术的工业时代也就走向了尽头。转向后福特主义开启了技术创世论的新阶段，迎来了总体语言时代的黎明。

41

等到翻译工作耗尽了自己的主要目标，人、森林、瀑布都不存在了，只剩下具有备用材料之价值的语言符号（世界其实都已经不在了，只剩下表示工具价值的语言符号），技术宇宙的完全体就出现了：存在者与潜在物整个被归约为一个封闭的语言域，并无域“外”，是为绝对。这就是本章开头描述的时刻，背景板崩溃后落到了舞台上，或者叫实在危机的顶峰。一旦有一条排外原理接管了整体，否认自身架构以外一切事物的合法性，那么实在就危险了。具体到这里，一旦本质原理消灭了存在原理（本书后面会讲到），以至于否认一切不是语言序列位点的事物具有合法性，那么实在终究会破碎解体。实在是让世界得以呈现的框架，它需要一种基础的默会，即框架与框架中呈现的世界之间有着本体论层面的距离。集置走到了一种绝对的境地，以至于要否认一切不是框架本身的事物的合法性，从而否决了实在的可能性。技术语言彻底终止于自身引发了这一境地，从而带来了无比严重的实在危机。

总体语言时代自起初（*ab origine*）就严格选定了哪些事物可以在世界中合法存在，哪些不可以。选择的依据是候选事物是否顺从地将自身的一切维度归约为序列的语言维度，具体来说，每个事物都要归约为一个或另一个历史性序列。我们今天在诸多社会、政治、经济和科学领域中都能看到这一过程的运行。以现在风靡的所谓“大数据”为例，它的基础是双重的本体论假设：一条是信息技术的语言能够把握全体存在界，另一条还要更极端，是全体存在界与信息技术语言的外延一致。大数据系统和技术屡屡获得破纪录的巨额投资，其信念基础是：不可能有任何具有本体论意义的事物不能——至少在潜在层面——被归约（而且是如实归约）为数据语言中的序列单位。同理，只要把“信息技术”替换成“金融”，我们就能理解金融资本主义的当代角色了，它不只是将世界翻译到自己的语言结构里面去，更创造出了一个恰好符合自身语言结构的世界。金融资本不是为先前就有的事物赋予价值，更非仅仅将其翻译到自己的估值语言系统中；恰恰相反，是世界（或者说世界的残余，世界只被允许以最低级的状态存在）要按照金融的框架来安排自身活动，如果世界想要进入金融严密把守的入场大门的话。我们从当代科学若干占据霸权地位的分支中也能发现同样的过程，尤其是它的那些“实用”表达，例如那些从属于神经科学领域的研究。神经科学的语言打扮出一副合理可信的样子，因为（1）它至少潜在地可以穷尽自身的整个研究对象；（2）更极端的是，除了已经包含——不管这里的“包含”是何其飘渺——在神经科学语言本身之内的东西以外，根本没有情绪、感受、思维过程等等可言。作为一种科学情感主义（scientific sentimentalism）的形式，神经科学的形而上学主张，凡是不能

（即便是潜在意义上的不能）纳入神经科学语言的一切心理过程都不过是臆想或迷信。同样的过程也适用于公民身份的本体论话语：在当下的后人文/反人文主义时代，公民身份并不基于人，人格反而成了公民身份的一项隐性福利。按照前面讨论过的技术对生死概念本身的排斥，无国籍者原本所处的“赤裸生命”状态如今分解成了一种在场的消失，朝向绝对意义上的本体虚无。近年来围绕移民和政治避难的争论充分表明，凡是在公民语言序列之外的人，他也就整个地在世界之外。广义的身份也是如此，近年来疯狂扩增的身份类别就表明了这一点，尤以性别和性向身份最为醒目。一个活生生的人，无论他的哪个方面，凡是拒绝或无法完全被归约为一套语言序列单位（本体性的拒斥），或者无法被归约为某个特定社会中的某个现行语言序列（历史性的拒斥），就会立即完全失去在世界中呈现的合法性。绝对存在不受任何形式的社会掌控，但技术时代的主要生产和监察对象不是存在，而是世界中的在场。

43

　　这只是少数几个例子，要举的话还有更多。它们表明，同一条原理正运用于所有当代的文化形式。按照这条原理，在序列语言的无限边界外不可能有任何事物在场，同理，具体语言序列——它是位点本体论的历史性守门人——之外也不存在任何合法的在场。这套体制对在场的边界进行严格的监察，又对一切仍然坚持自身不能被归约为绝对序列语言的事物施加绝罚，因此对直接受技术管辖的数以亿计的人带来了毁灭性的后果。近年来，与资本主义特有的剥削制度造成的苦难与毁灭一道，语言彻底终止于自身，成为一道圈定实在的栅栏，已经引发了一场真正的精神病理疫情，包括焦虑、抑郁、恐慌、自杀率升高和大屠杀。在漫长的职业生涯中，尤其是90年代初以来，意大利哲学家弗兰克·“比弗”·贝拉迪一直在坚持描述技术霸权对存在造成的危害，这里的技术霸权既是一股创世之力，也是地球大部分地方日常生活的规训原理。在《工作的灵魂》[34]和《英雄》[35]等书中，贝拉迪对精神健康瓦解的现状给出了一幅准确的草图，探究了它在当代社会结构中的起源，更进一步考察了它在当代实在体系中的根源。尽管贝拉迪从未直接提及技术，倾向于使用更传统的马克思主义范畴，但他看到的当下困境的一系列概念结构根源其实与我们迄今为止的分析如出一辙，他还特别提到了绝对语言发挥的作用。有意思的是，他在那本探讨大屠杀和自杀现象的新书的前面某一章，指出了这层关联：

44

> 人通过机器学到的词汇量竟然比通过母亲学到的还要多，这一事实无疑导致了一种新的感性的发展。如果不对这一新环境，特别是新的语言习得过程之后果做相应的考虑，那便无从探究当代群体精神病理的新形式。需要考虑的变迁主要有两条：一是语言习得失去了与身体情感体验的联系，二是他者体验的虚拟化。[36]

对贝拉迪、塞韦里诺和许多其他技术体制的批判者来说，

34 F. 'Bifo' Berardi, *The Soul at Work*, Los Angeles, CA: Semiotext(e), 2009.

35 F. 'Bifo' Berardi, *Heroes*, London and New York: Verso, 2015.

36 Berardi 'Bifo', p. 48.

我们当代对世界的经验在本体论和认识论基础上，与全方位释放毁灭性暴力有着直接的关联。按照当前状况下的人类生活体验，我们能发现两股对应的潮流，一是暴力毁灭的病态欲望高涨，二是每个人都面临的肉体未死而先灭绝的普遍危险，也就是从本体层面被消灭，人类整个被放逐出世界。如今胜负的赌注大极了，只要不符合历史语言序列的要求便会遭到“灭绝而死”的惩罚，于是无法无天的暴力行动就成了世界图景不可避免的特征。但频繁得多、普遍得多的趋势是普遍顺从，相比之下，这一趋势甚至超过了上世纪极权主义政权所追求的。皮埃尔·保罗·帕索里尼（Pier Paolo Pasolini）晚年曾反复指出[37]，传统极权主义政权从来没能实现的“人性改造”，现在似乎却是临近的宿命。传统政治压迫要求服从，既有公开展示的服从，同时甚至私下里也要尽可能服从，因为害怕被揪出来。技术是反其道而行之，它不要求服从——事实上，它不提出任何要求。技术宇宙论设置了一道过滤网，只有在本体结构方面，因而也在伦理主体位置方面做出根本改造的事物，才有在世界中在场的合法权利。在这个意义上，技术实施的形而上监察总是一种边界控制的手段，施加着最深刻的歧视。

45

接下来，我们会专门从这个方面进行考察，思考我们关于世界形状和边界的不同观念会如何导致我们在世界中有完全不同的存在体验。此外，我们还会研究当代地理学中无可争辩的观念（比如地球是圆的）为何也可以视为隐喻，其中隐藏着与

37　参见 P. P. Pasolini, *Lutheran Letters*, translated by S. Hood, Carcanet Press, 1983; P. P. Pasolini, *Scritti Corsari*, Garzanti, Milano, 2008。

表面信息相反的深刻而未言明的信念。

行动危机，想象危机

人人都知道克里斯托弗·哥伦布（Cristoforo Colombo）的故事；这位勇敢的热那亚航海家不顾举世皆信的地平论，决心证明地球是圆的。故事里讲，公元1492年是无知迷信的古代与开明科学的现代之间的一道根本分水岭。如今，这个版本的哥伦布故事得到了不管受教育多少的人们的普遍认可，以至于大部分中小学教科书中都会涉及。但正如无数学者反复试图指出的那样，这则故事最起码是不准确的。从古典时代开始，毕达哥拉斯、巴门尼德、柏拉图和亚里士多德等哲学家就不仅相信地球是圆的，而且在字里行间预设了读者们也知道这一点。早在公元前三世纪，多才多艺的利比亚学者厄拉托西尼（Eratosthenes）就以地圆论为基础计算出了地球的实际周长，误差非常小。甚至在黯淡的古典时代晚期和更加黑暗的中世纪盛期，大部分学者也都认为地球是一个球体，宗教和世俗学者都是如此。尽管在《上帝之城》（*De Civitate Dei*）[38]和圣经评注《创世纪字解》（*De Genesis ad Literam*）[39]两书中圣奥古斯丁主张对跖者不存在（生活在对跖点也即地球对面的人），但他也认为大地是一个“球体”。同样，托马斯·阿奎那在《神学大全》

46

38 St Augustine, *City of God*, London: Penguin, 2003.

39 St Augustine, *On Genesis*, New York, NY: New City Press, 2004.

（*Summa Theologiae*）[40] 一书开篇就用地圆论（他认为这一点已被读者普遍接受）来解释知识的各个分支如何会用自己特殊的方式得出同样的事实或观念。塞维利亚的依西多禄（Isidore of Seville）（生活于六、七世纪，主要反映在《论事物的本性》[*De Natura Rerum*][41] 中）和可敬者比德（Venerable Bede）（生活于七、八世纪，主要反映在《论时间的演算》中[42]）等著名教会圣师都持有同样的信念，此外还有第一位运用厄拉托西尼的方法重新计算出地球周长的基督教学者，被列入真福品的博学家赖谢瑙的赫尔曼（Hermann of Reichenau）[43]（生活于十一世纪）。正如萨克罗博斯科的约翰尼斯（Ioannis de Sacro Bosco）于 1230 年出版的颇具影响力的天文学知识汇编《天球论》（*De Sphaera Mundi*）[44] 中所表明的，中世纪没有一位著名学者认为地平论值得认真关注。

那么，当代关于前现代科学的通说怎么会与真实情况差得这么大？正如历史学家杰弗里・B. 罗素（Jeffrey B. Russell）所指出的：

> 问题是这种臆断——“地平论谬误”——从何而来，为什么受过教育的人会继续相信它。犯了谬误的不是所谓

40　T. Aquinas, *Summa Theologica*, vol. 5, Notre Dame, IN: Ave Maria Press, 2000.

41　Isidore of Seville, *On the Nature of Things,* Liverpool: Liverpool University Press, 2016.

42　Bede, *The Reckoning of Time*, Liverpool: Liverpool University Press, 1999.

43　Hermann of Reichenau, *De Temporum Ratione*, Leiden: Brill Publishers, 2006.

44　Johannes de Sacrobosco, *The Sphere of Sacrobosco and Its Commentators,* edited by L Thorndike, Chicago, IL: The University of Chicago Press, 1949.

相信地球是平的中世纪人，而是相信当年盛行过地平论的现代人。[45]

47 按照罗素的说法，“地平论谬误”可以追溯到华盛顿·殴文（Washington Irving）1828 年的畅销书《生命史与克里斯托弗·哥伦布航海记》中对中世纪科学的虚假重构。[46] 殴文在书中将哥伦布描绘为现代科学知识的先行者，今天的孩子们依然在学习这条观点。尽管内容一看就有问题，但欧文的生花妙笔依然获得了广泛认可，其原因与历史准确性没有什么关联。按照安东尼·坎普（Anthony Kemp）1991 年颇具煽动性的《过去的疏离》[47] 一书中提出的论点，我们可以将这一明明历史事实毫无争议，偏偏误解顽固难消的现象归因于意识形态，而非历史书写。坎普主张，自宗教改革以来兴起了一场连续不断的文化宣传，结果是形成了一种与过去存在深刻断裂的感知。与罗马决裂后，宗教改革必须对古典时代与中世纪的一元时间观发起挑战，取而代之的是历史进步论，这一新模型成为了认识各个时代观念心态差异的宏观框架。在这个意义上，现在的所谓中世纪信从地平论和随之而来的哥伦布现代科学先行者论事实上强化了一幅图景：前现代与现代有着本质上的不同，且明显比现

45 J. B. Russell, *Inventing the Flat Earth: Columbus and Modern Historians*, New York, NY: Praeger, 1991.

46 W. Irving, *A History of the Life and Voyages of Christopher Columbus*, New York, NY: The Co-Operative Publication Society, 1920.

47 A. Kemp, *The Estrangement of the Past: A Study in the Origins of Modern Historical Consciousness*, Oxford: Oxford University Press, 1991.

代更差。

然而，我们可以从象征的角度对这一现象做出另一种解释，也就是将平面大地与球形大地作为两种象征来理解。所谓弗拉马利翁版画（Flammarion Engraving）描绘了一幅著名的景象：一位旅行者来到平面大地尽头，抬头仰望和静观天外世界。这种将可居住世界理解为有限扁平面的想法，为理解人类在宇宙中的特殊境况提供了丰富的象征元素。从象征角度来理解，平面大地的意象指向人类经验的两个直观对象：其一是可居住世界，对我们每个人来说，它都既由边界所塑造，又由边界所强化；其二是边界以外的领域，它不是“空无”，而是某种既不一样，但又有连续性的事物。相反，球形大地暗示着一种不同的本体论视域，世界的延伸没有边界，无缝地终止于自身，但光滑球面之外或者什么都没有，或者是其他差不多的球体，重复着同样的存在形式。在巴门尼德看来[48]，球体既直接象征着无边无缝的独一存在，又有外部不存在任何根本上不同的事物的内涵，这不只是巧合。

48

在此基础上，我们可以将古代世界相信地平论的当代虚构解读为“被假设为相信的主体”（subject supposed to believe）的一个案例，这是斯拉沃热·齐泽克（Slavoj Žižek）对拉康提出的“被假设为知道的主体”的新解和延伸。

> 有一些信念——最根本的信念——从一开始就是关

48 Parmenides, *The Fragments of Parmenides*, introduced and translated by A. H. Coxon, Las Vegas/Zurich/Athens: Parmenides Publishing, 2009, fragment 8, 44–5, p. 78.

> 于他者的“偏心”信念；“被假设为相信的主体”因而是一个普遍的、具有结构必要性的现象。从一开始，言说的主体就通过纯表象的秩序将自身信念错置于大他者之上，于是主体从未“真正相信它”；从一开始，主体就将这一信念归于某个偏心的他者。[49]

当代人之所以认为无知的前现代人相信地球是平的，是因为我们都相信、希望而且其实知道地球*就是*平的。平面大地的象征——也就是受边界塑造和强化，同时周围又不是虚空或千篇一律，而是可能具有彻底他异性事物的世界——比球体地球更深刻，也更真实地反映了我们的经验。只要我们心中还抵抗技术在本体论层面要求的绝对整齐划一，还抵抗将一切不能归约为序列语言的事物打成虚无的“最终解决方案”，只要我们还抵抗，我们就知道、希望和相信除了导致幽闭恐惧的技术球体世界以外，有另一种宇宙论。但是，这种危险的希望和知识不应该太过公开地表露；最好还是把它归于他人，某个离得足够远，不能把我们揪出来的人——比如古人。

49

我们通过将平面大地归属于“被假设为相信的主体”来固守它的心态，进而我们对“球体”本体论的极权作风的拒绝，反映了我们对（在象征层面）从碟面转向球面这一过程造成的存在性后果的直接和日常体验。前一种本体论允许不同存在类型与层次的多元性，同时承认每个类型和层次在其构成边界内

49 S. Žižek, *The Interpassive Subject*, Centre Georges Pompidou,1998, online at http://www.lacan.com/zizek-pompidou.htm (accessed 21 August 2017).

的特殊性。碟形世界所象征的本体论不仅允许每个事物各居其位，形成拼贴画般纷繁多样的本体他异性，同时也理解，一个事物存在与行动的基础是它对存在不同层次的特定进路，以及它自身特定的形式和限度。球形世界所象征的本体论，也就是典型的技术宇宙则恰恰相反，它不仅否认自身世界内有任何本体多元性（一切位点在本体论层面都是等同的，都是同一个普遍序列体系的部分），也否认自身世界与世界外的任何事物之间有任何本体多元性（既然序列体系之外看不到任何存在或在场，于是就不可能有根本的本体他异性）。在存在层面信奉由无所不包的球体作为象征的技术宇宙论意味着，我们既要抛弃任何事物与任何其他事物有本质区别的可能性，也要抛弃对自身独特性和自主存在的一切主张。真心相信世界是球体标志着一个人再也看不到任何不可归约的、从内部为世界带来活力的存在。然而，每当我们环视周围，看到各种事物，它们独特的奥秘，它们差异的美妙，它们“单纯存在”的庄严——我们便意识到，我们的世界是一个碟面，而碟面本身是由众多碟面组成的一处群岛。一个对真正的（内部和外部的）“他乡”开放的世界。一个我们内心里深知，但技术体制告诉我们不可能、只是迷信的世界。

因此，技术宇宙论的结构带来了远远超出粹纯形而上学领域的严重后果。正如本书开篇所说，技术强加给世界的体制不仅造成了抽象层面的实在概念崩塌，也带来了一种非常具体的体验：我们的行动力与想象力被摧毁了。我们可以将这场灾难追溯到主体以及技术范式下的主体这两个概念经历的危机。现 50

在，我们来看一看这场灾难是如何展开的，它的基础又是什么。不管如何解读，主体概念的核心都是独特性与辨识力这两个基本要素。主体，任何一个主体都必须享有一定程度的独特性和本体自主性，如此才能作为自身存在，也就是与自身同一，同时又与非自身的事物有本质区别。同时，主体与环境的关系模式总是且必然是基于主体有能力（至少有潜在的能力）分辨不同于自身的不同实体。反过来看，要想能够对一个客体采取行动，或者比如从备选行为路线中选择一条去做，主体都需要这个非自身的事物至少具有基本的独特性和自主性。如果所有外部实体都是彼此等同的，那么主体就不可能有行动域或决定域，因为一切形式的交互终究只是同一种交互，正如一切可能的选择终究只是同一个选择。失去了外在的、具有可辨识差异和本体独特性的客体，主体性就会被归约为一道单选题，对完全同质化的背景只有“做”和“不做”两个选项。事实上，技术宇宙论不仅瓦解了客体，也瓦解了主体自身。位点本体论之内从来不允许独特或自主的存在。一方面，物被归约为单纯的位点激活器，因此本质上都是本体论层面的空洞，彼此是完全等同的。另一方面，所有位点都不过是序列体系终极原理的看门人：每个位点在本体层面与其他任何一个位点都是等同的，因此同样全无自主存在。技术之内真正在场的只有序列体系本身，以及通过分有序列体系而实体化的具体序列；位点只是序列的看门人，激活位点的具体单位与存在离得就更远了，不过是偶然的发生罢了。这样一套体系容不下任何让主体或客体存在，进而通过在世界中的任何行动展开其存在的基本必要条件。正是

51

在此基础上，技术释放出的实在危机终于被翻译成了行动与想象的危机。

技术时代下主体性的崩溃伴随着一种新的存在形象的出现：抽象一般实体（abstract general entity，简称 AGE）。这个登上世界舞台的新角色应该更多地被理解为一种对当代人类经验的描述，而非一个单纯的本体论范畴。只要一个人被完全剥夺了独特自主的存在，同时也失去了能够与之发生关系的独立存在的世界——那么，这个人就处在“抽象一般实体”的地位。尽管技术严厉否认了一切个体存在的合法性，但一个当代人仍然享有对自身存在的直接体验。一个人仍然知道、希望和相信自己是“什么”，而不是“什么都不是”。但这种意识必须面对一个在其中作为主体的自主存在已经不再可能的实在体系（毋宁说是，非实在体系）。人类个体如何才能理解并将自己置于这样的双重束缚之中呢？AGE 是一种如怪兽（monster，本意是“警告”，源于拉丁语词 *monere*）般，从这些彼此矛盾的现象中浮现的新存在形象。AGE 眼中的世界就如遥远神灵眼中的世界一样，它在一种不可辨识的同质化本体论中显现自身。不光是所有事物似乎彼此等同，同样空洞，而且一切可能的行动归根结底都没有区别。一切可能性的等价既是本体论意义上的（它们就是同一的，而不只是彼此相当），也是伦理学意义上的（它们自身的价值，以及相对于 AGE 的价值都是相同的）。这种所有可能性都在伦理上等价的状况进而造成并证成了一场行动力与想象力危机，它与通常被冠以“文化虚无主义”之名的所谓“价值危机”关系不大。相反，它只是我们作为人类接受并认同 AGE

视角的必然要抵达的结论。事实上，我们甚至不能好好地谈论实在、行动与想象危机的状态；前者的瓦解与后两者的瘫痪其实只是技术统治下的常态。像一个无所事事的神灵，AGE 不会受到稀缺或内在紧急事态的压力而被迫采取某一条道路。既然 AGE 严格意义上讲并不存在，也就没有自身的需求——再说了，也没有任何独立存在的客体能够供它满足任何需求。事实上，AGE 是在“运行”，而非在“生活”。因此，它只能灭绝，不能死亡。AGE 没有任何具体的内在动力或义务，只有在包含着自己的序列实在体系的最深层结构中，它才能发现自己的运行指南。它唯一的动因和指引恰好与技术形式的结构性律令重合：对工具装置，也就是技术在世界中的实现，进行无限扩张。

52

AGE 这一形象包含着当代人类存在体验中某些最戏剧化的方面。说到底，AGE 是变异的结果，人如果想要在技术创世论创造出的世界中在场（不管这在场是如何脆弱），就都被要求经历这种变异。当代精神疾病的大流行，包括紧张性和躁狂性精神障碍（象征符号千篇一律，总是自杀或杀人的失控式的自我了结），只不过反映了尚未变异完全的人性与人性被要求达到的形式之间的摩擦。精神疾病的大流行与实在危机、行动危机和想象危机都是我们长久以来的一种感知的症状，即技术对实在的再编码是一种致命威胁；具体来说，是同时失去自己在世界中的在场以及世界本身的在场的威胁。类似地，当代标志性的成问题的权力关系——个人层面与政治层面上的无力跟两种现象形成了互补关系，一是法西斯思潮在各种阶层中的死灰复燃，二是大众对秩序和暴力压迫的呼吁——标志着对彻底向技术本体论投降的一种混乱的反抗。这不只是一个试图将全球视野回缩，去领域化之后再领域化的问题。为了抵挡看似不可阻挡的变异为 AGE 的过程，人类紧紧地抓住权力不放，哪怕是最可怕、最自欺欺人的形式的权力。然而，只要人类的努力没有挑战技术（非）实在的形而上架构，那自然就不会有成功推翻技术的“革命”或“解放”的希望。

53 有些状况直到不久前还被公认为精神疾病，如今却成了大部分当代人的常态。精神问题与心理疾病的正常化相应反映了技术对实在和世界的病态掌控力在增强。比方说，当我们阅读埃内斯托·德马蒂诺论述魔法的早期著作时，我们免不了频繁注意到过去几十年间技术霸权地位的强化。在 1948 年，为了澄清古代魔法世界与当时世界的区别，德马蒂诺还可以（仿佛从一个与我们今天的世界无比遥远的世界）写下这样的文字：

> 在一个我们这样的社会中，个人对自我和世界的定义不再是一个重要突出的文化问题，我们不面临任何实质性的危险，世界中的物体和事件在我们的经验意识中表现为“给定的”、与人间戏剧无涉的东西……我们“在世界中的在场”和“作为在场的世界”构成了一组定义好的、有保障的对偶。相反，在魔法（即古代）心态下，这种体验本身依然会受到质疑，那时在场与世界这组对偶还是一个重要突出的问题。在魔法中，“在场”尚且忙着在与世界的关系中把自己拼成一个整体，忙着约束和限制自身；相应地，世界也还没有脱离在场，被抛到前台，被认为是独立物而

接受。[50]

德马蒂诺的世界是工业世界，存在与实在一息尚存，尽管败局已定。翻译进程势不可挡，但宴席的最后几道菜还在桌上。然而，即使是从他的时代出发，德马蒂诺也已经窥见了即将到来的世界。在这几页的脚注中，他一针见血地补充道：

> （然而，）在我们的文明中仍然有某些“边缘”角落保留着这种魔法形式……例如：乡民中尚存的某些魔法传统，通灵师圈子里的魔法，还有一些与精神衰弱、精神分裂、偏执狂等特定精神疾病相关的状态。所有这些状况都——以一种或多或少真实的形式——保存和再现着魔法实在的模式以及相关的存在戏剧，其模型都可以在魔法时代中找到。毕竟，一个受过教育的“正常”人（今天）也可能在日常生活中或长或短地被古人面临的实在所触动。一个受过教育的西方人也可能再现魔法实在，这表明定义好的、有保障的在场是一项历史成就，因此在特定情况下是可能发生反复的。精神生活中的一切都可以被质疑，看似万无一失的成就亦然，因此世间存在（being in world）这项终极成就亦然。[51]

54

技术造成了实在解体，摧毁了一切自主在场的可能性，将

50 E. de Martino, *Il Mondo Magico* (1948), Torino: Bollati Boringhieri, 2010, p. 128.

51 E. de Martino, *Il Mondo Magico* (1948), Torino: Bollati Boringhieri, 2010, p. 129.

世界与自我、主体与客体都归约为一个空洞的瘫痪整体——面对这一切，当代人发现自己所处的环境神秘地肖似古代/原始人的魔法社会。他们的实在、他们的世界、他们的在场都不断受到被融入同一个空洞的威胁。无论是技术体制下的当代人，还是生活在魔法社会的古人，都必须努力为自己和世界重构实在与在场。他们之所以将自己的痛苦认知是疾病（可能是精神障碍，也可能是妖魔作祟），都是他们在抗拒，在渴望追求“健康”状态的表现，这主要与宇宙（作为从混沌中浮现的世界）有关，而非临床指标的平衡或失衡。但古代普遍存在的魔法与隐微传统提供了萨满或巫医一类的人物，可以引导古人重建宇宙，而当代人不得不整个从头重新开始。首先，当代人必须认识将其困住的实在体系的根本结构，理解他们所在的生产监狱是怎样的建筑格局。接下来，凭借探究批判精神与创世者的干劲，他们必须投身重建实在的架构。下一章探讨前一项任务，后两章处理后一项。

55

57

第二章

技创世

词语定义

前一章中我们引入了多个概念和形象来刻画技术如何作为一股塑造实在的力量对当代历史语境产生作用。我们用测量与序列两个观念，形而上虚无主义与绝对语言两个概念，以及AGE等形象为技术对我们的世界和当下生活的塑造勾勒出了一幅草图。通过分析技术统治对我们的经验所造成的最直接影响，我们希望描绘技术的症状——正如通过观察患者症状及其病史来描述一种疾病那样。但不管这种历史视角有多么重要，它都不足以充分说明技术到底是什么，它又如何发挥创世之力的作用。现在外部影响已经考察过了，本章将把注意力转向分析技术的内部架构。这条新的分析思路将复原我们在其历史显现中已经遇到的一些概念化形象，虽然现在要观察的是这些形象在技术内部架构中的位置。在分析一种既是实在的形式，又是具体历史时期的形式的创世之力时，上述两条思路应该被视为互补的关系。

58

我们可以用苏菲派思想家所说的求知阶段论来比拟这条

综合进路。按照苏菲派的学说，通往理解实在——作为与定义它的原理同质之物——的正道应该从最初阶段的“教乘”（*Shariat*，意为教法）经“道乘”（*Tariqat*，本意为道路，意为苏菲修士之间的灵性手足情谊）和“真乘”（*Haqiqat*，意为真理），最终达到“超乘”（*Marifat*，意为通过人神奥秘合一达到完满的知识）。从教乘到超乘的过程，就是从最表面到最内在的实在及其原理。[1]当然，苏菲派求知之路与我们对当代实在的基础创世原理的探究两者之间的任何相似之处，都应该按比照类推来理解。尽管两者有显而易见的不同，但两者的相似之处在于它们都意识到一股创世之力（对苏菲派来说是《古兰经》中揭示的神的永恒之力，对本书来说则是作为一种能够塑造实在的历史力量的技术）的历史症状，永远要结合这一力量或原理的内部架构来考察。我们的愿望绝非达到人技奥秘合一，而仅限于对技术的创世架构做一略可比拟于苏菲隐微主义“真乘”境界的概要分析。换句话说，第一章是从我们的存在体验出发，去考察技术施加于世界的格式塔或者“形式”，本章则要探究技术自身的内在形式。事实上，前者是后者的直接后果，而接下来要展开的分析正是为了澄清前述历史要素的逻辑和根源。

从宇宙论的症候分析进入创世之力的内部架构分析有其特殊的困难。我们一开始提到苏菲派并非完全偏题；我们要面临的许多挑战传统上都曾在神学圈得到讨论，在那里是从分析神

1　有趣的是，最早有记载的对（灵知）知识超乘阶段的理论化，出自公元九世纪埃及有新柏拉图主义倾向的穆斯林密契家杜努恩（Dhu'n Nun）——他将超乘与“学”（ilm）相对应，后者也就是散乱的学习和知识。参见 A. Schimmel, *Mystical Dimensions of Islam*, Chapel Hill: The University of North Carolina Press, 1975, p. 43。

创天地到认识神自身的内在“结构”。从神直接创造实在、神是一切实存的终极原理的视角出发去探究实在的“形式”，最终就总会进入对神的本性的神学研究。反观我们的分析，我们认为实在的形式是变化的，是因特定历史时期的创世原理而动的偶在，于是我们主要是从方法论层面去吸收上述神学要素。不管我们对实在体系所做的形态学分析与神学研究有何区别，两者有一套类似的根本问题，同时围绕着若干类似的可能答案。

“创造说”与“流溢说”的神学争论与我们要探究的问题尤其有共鸣，即一条抽象原理如何既先于实在，同时又指导和塑造实在。“创造说”的典型论点是由生活于十一至十二世纪的伊朗思想家安萨里（Al-Ghazali）提出的理论[2]，他主张神完全掌控着实在的创造，实在完全依赖于神的意志。安萨里认为，我们必须将一切形式的存在理解为神的有意决定的结果：时间的展开其实是神在每个瞬间对整个宇宙的不断重新创造。所以，实在依赖于神的善良意志。按照安萨里的看法，如果神决定中断对世界的持续重新创造，世界就会一下子完全消失。创造说的对立面是所谓的“流溢说”，该学说源于三世纪的埃及和罗马哲学家普罗提诺（Plotinus）。按照普罗提诺的哲学化神学，我们必须将存在整体理解为产生自一条超越一切可能的定义形式的初始原理：太一。严格来说，太一在实在之外（因为太一先于实在，实在源于太一）且不可归约为实在，但它会通过一系列“流溢”与实在发生相互作用，从而塑造更低级、更具体的存在

60

2 参见 al-Ghazali, *The Incoherence of the Philosophers (Tahafut al-falasifa)*, Provo, UT: Brigham Young University Press, 2002。

维度。与创造说不同，“流溢”并非太一意志的产物：太一必然会流溢，这是它的本性。据弟子波菲利称，普罗提诺说过这样的话：

> 既然无上者是不动的，它便不能对次级的存在表示赞许、颁布律令或造成任何影响。
>
> 那么会发生什么呢？我们设想一下，不动者近旁会出现什么呢？
>
> 那必然是向四周发光——由无上者产生，但无上者本身是不动的，或可比拟为环绕着太阳、不断由这一不动实体产生的耀眼光芒。[3]

这个流溢的过程——普罗提诺将其比拟为太阳放射光芒——可以让实在的根本原理沿着一系列次级原理展开，每条次级原理分别塑造一个存在的维度。于是，流溢的链条就相当于不同“本体”的链条，源于初始原理或者叫第一本体，直到它的创世力量耗竭为止。

> 一切存在者，只要还保有其性质，便会——围绕其自身，发自其本质，凭借其内在固有的力量——产生某些必然的、向外的、与其接续的、反映原型的本体：于是，火会发热；雪冷，但不止于自身；香料是一个明显的例子，因

3　Plotinus, *Enneads*, 5.1.6, Burdett, NY: Larson Publications, 1992, p. 428.

为只要它还香，就会散发出某种东西，所在之处皆可闻到。

还是那句话，事物一旦完全实现便会产出：因此，永恒实现者会永恒产出永恒存在者。与此同时，受生者总是更小的：于是，完全者产出之物是仅次于它的最伟大之物。[4]

61

每个本体都是太一或第一原理逐渐劣化的版本，会怀着“爱的渴求”望着紧邻的前一个本体，好像要寻求引导。

受生者必然寻求和爱生产者，尤其是两者独处的时候；此外，当生产者是至高善的时候，（必然追求善的）受生者便与其形成了牢不可破的必然联系，只是因为两者各为一物才有分离。[5]

在我们探讨技术创世之力的内部架构时，我们会借鉴普罗提诺流溢理论的诸多方面。但是，我们的形态学视角与普罗提诺的哲学化神学也有一些重要的区别。对普罗提诺来说，太一只能理解为实在唯一真正的原理，而我们认为技术只是一种特殊的实在形式。对我们来说，技术及其原理只是众多可能的，且确实在历史过程中创造过多种不同实在的创世力量之一。接下来，我们会将技术视作一种创世力量或形式，它由一条流溢链构成，起点是第一本体或第一原理（绝对语言），经过一系列越来越低的本体（测量、单位、AGE、作为弱点的生命），直到

4 Plotinus, *Enneads*, pp. 428–9.

5 Ibid., p. 429.

它的初始力量最终耗竭。与普罗提诺的体系一样，每个本体都是前一本体愈发劣化的版本，一些关键方面保留了下来，另一些则被抛弃。

我们对新柏拉图主义哲学的借鉴还有一项：为每个本体配上一个独有的“原型化身”。新柏拉图主义的教导发展到后期，从古典时代晚期[6]到意大利文艺复兴[7]，再到一直延续的伊斯兰教神秘主义传统[8]，每个本体都与一个天体或一重“天”相关联。按照许多新柏拉图主义者的意图，这也是直接显明看似抽象的观念如何实际塑造现实的一种方式，就像行星和“天”被认为能够影响其下方一切事物的性质和活动一样。在从建筑学角度解读技术形式的过程中，我们会为每一个本体配上一个具体的、可以在日常实在经验中找到的“原型化身”。与新柏拉图主义者一样，这能帮助我们澄清技术内部架构中的每个层次，与我们体验到的、受技术塑造的实在结构的各个层次之间的关联。于是，第一本体“绝对语言”的原型化身是等价命题“真即再现，

62

6　比如波菲利的佚书 *Introduction to Astronomy in Three Books*，该书主要基于公元二世纪占星家 Antiochus of Athens 的著作，以及收录于 Porphyry, *Letters to Marcella and Anebo*, translated by A. Zimmern, London: The Priory Press, 1910 中的 *Letter to Anebo*；但尤其重要的材料是 Iamblichus, *On the Mysteries*, Atlanta, GE: Society of Biblical Literature, 2003。另见 Proclus, *Hypotyposis*；以及公元四世纪西西里占星家 Julius Firmicus Maternus, *Mathesis*, translated by J. H. Holden, Tempe, AZ: American Federation of Astrologers, 2011。

7　参见 M. Ficino, *De Vita Coelitus Comparanda*, in M. Ficino, Three Books on Life, edited and translated by C. V. Kaske and John R. Clark, Tempe, AZ: MRTS, 1998, book 3。

8　关于伊斯兰教新柏拉图学派内占星术争论的综述，参见 N. Campion, *Astrology and Cosmology in the World's Religion*, New York and London: New York University Press, 2012, pp. 173–87。另见 Burckhardt, T., *Mystical Astrology According to Ibn Arabi*, Louisville, KY: Fons Vitae, 2001。

再现即真”；第二本体“测量”的原型化身是“数字”；第三本体“单位”的原型化身是“信息 / 数据”；第四本体 AGE 的原型化身是“处理器”；第五个，也是最后一个本体“作为弱点的生命”的原型化身则是“可能性”。

我们也可以借用生活于十二至十三世纪的安达卢西亚的苏菲派思想家伊本 · 阿拉比在探讨占星学与神学之间关系时的术语，来呈现本体及其配对原型化身。伊本 · 阿拉比认为，独一真神是通过神名来展开和表现自身的，其创世属性的影响经由神名传递给宇宙。不论神性或神名何其繁多，它们都可以分成若干范畴，每个范畴都决定着宇宙结构的一个方面—— 即实在的一个方面。在伊本 · 阿拉比看来，我们有可能在每一类神名与传统宇宙观念中的每一重天之间建立起象征关系。长青主义哲学家提图斯 · 布克哈特（Titus Burckhardt）很好地解释了作为创世原理的神名的不可捉摸的本质，与天的可见表象两者之间的联系：

> 大师（伊本 · 阿拉比）将 28 月宿对应于同样数量的神名。另一方面，各有其活动或创造特质的神名又配上了同样数量的宇宙维度，两者或者是互补关系，或者是直接因果关系，于是它们的关联就成了第二重比拟循环。神名序列产生的宇宙维度序列上至理智本体的最初表象，下至人的创生。这个层级体系中还包含着对应于各重天的宇宙维度，也就是黄道诸宫、恒星天、七大行星天。……神名代

表着对应天象的决定性本质。[9]

这里之所以提到伊本·阿拉比利用占星术来解释神学宇宙学，目的还是表明任何从奠基与基本原理的角度去分析一种宇宙论的尝试都必然带有神学色彩。事实上，从考察技术的内在创世大厦和随之而来的宇宙论起，我们就已经把技术视为了实在（具体到这里的话，其实是非实在）的独一原理，类似于某种神的概念。这是一个核心面向，不仅对我们的技术创世论分析是核心，对我们认识技术之于当代世界的意义——以及更宽泛意义上，一股创世之力之于其占据霸权地位的时代的意义——也是核心。对我们的当代世界来说，技术*就是*神，因为它是构成世界骨架的种种原理背后的总原理。在这个意义上，只要是尝试分析一个时代的精神，也就是一个具体实在体系的结构，就不可避免需要神学的概念工具箱——特别是考察创世过程以及宇宙结构的神学分支。在探讨过这一议题的各种神学与哲学传统中，我们专门选择了极具多样性的新柏拉图主义学派及其流溢创造实在说。 64

流溢说在这里是一种方法，用来解释被视为具有自身内部架构的形式的一种创世之力的结构。与任何结构和形式一样，技术的流溢链条也会受到技术之外、超越它的因素的塑造，这一点不同于普罗提诺的超越一切的太一。我们还会借用另一个来自伊斯兰哲学的概念来描述技术形式的界限："哈德"

9　T. Burckhardt, *Mystical Astrology According to Ibn Arabi*, Louisville, KY: Fons Vitae, 2001, p. 37.

（*hadd*，复数形式是 *hudud*，胡杜顿）。[10] 哈德在伊斯兰教法学中主要指从《古兰经》律法中推导出来的约束，在什叶派神智学（theosophy，比“哲学”一词更适合用来界定什叶派的先知哲学）中则表示实在的各个层次——进而还有适应于各个层次的不同类型的知识——的“局限性”。技术的形式被上界和下界的哈德所塑造，因此需要进一步探讨技术之上与技术之外——正如分析一座建筑需要讨论它所处的地形，以及通过限制它来对它产生消极塑造作用的周边物件。作为技术创世力量与形式的界限，这些胡杜顿会进一步界定技术实在与技术世界的界限。探讨魔法的下一章中会表明，技术创世论的界限会为其他创世论打开大门。我们会将技术流溢链的上限称作“隐蔽的自我”

65 （*Ego Absconditus*），下限称作“双重肯定”。这些词乍看上去或许神秘莫测，我希望随着讨论的进行能充分阐明。

第一本体：绝对语言

技术形式的核心是第一原理和第一本体：绝对语言。它像无情的烈日一样放射着光芒。尽管我们在第一章中提及了这一形象的历史显现，但我们现在要来考察它自身，技术创世大厦中的一个构建性要素。从这个角度看，绝对语言就成为了技术创世及其特殊的（非）实在类型的第一原理。技术创造的一切都是从它流溢出来的，都是由它按照自己的节奏和规范形而上

10　关于什叶派哲学中对“哈德”概念的讨论，参见 H. Corbin, *History of Islamic Philosophy*, London: Routledge, 2014, pp. 80–4。

学所塑造的。

我们首先来分别考察第一本体的两个要素：语言，以及绝对化语言的特性。

因为我们探究的是造成一种特定世界的基本原理，所以我们要从语言“做了”什么的角度来考察语言，也就是语言被使用时产生了什么。每当我们提出一个语言命题，每当我们表达一个语言单元时，我们都是在向对话者建议承认某个形象（物件、性质或关系）可以合法地在场于世界中。对话者承认我们的语言表述是有意义的，赋予所述形象在世界中在场的合法性——从而使其可以用到更广泛的语言交流和重组的游戏中。自言自语或心中私语也是一样——尽管我们很快就会承认自己的语言提议可以合法地在场于世界中，于是往往模糊了这个质疑的过程。当然，这一点也适用于发言者或对话者不是人类，而是机器的情况。

在这个意义上，语言的生产本质上属于本体论层面，是一场关于哪些形象可以或应该纳入世界目录的持续谈判。于是，每一个语言单元都具有备选项和命题的形式。同理，世界成为了一张谈判桌，议题是我们日常经验中的哪些形象可以被承认或否认具有合法的本体论“在场”地位。在这个意义上，语言是一种管理方式，管理的是哪些实体可以进入实在中可交流、可操作的层次。 66

然而，当语言被绝对化的时候，也就是不受任何外在的，或者语言自身之外的其他原理的约束（*ab-solutus*）时，它创造的世界突然间就变成了唯一可能的本体场域。当语言变成了绝对语言，它的创世论就不再只是看待世界的多种可能方式之一（也就是考察哪些形象可以在世界中作为可交流、可操作的项目合法地在场），而成为了无所不包的领域。任何外在于它的东西都不被许可；任何在谈判得出的语言“在场”之外的东西都不被允许，就连本身不可言说的存在也一样。存在被在场替代，存在的稳定性被语言的谈判过程替代。语言按照自己的肖像创造了世界，而当语言变成了绝对，世界之外突然间就变得空无一物。

通常发生在语言层面的本体论谈判过程，如今完全内化到了语言本身之中；它不再是一个语言外的对话者，通过或拒绝要在世界中在场的备选形象，而成了语言本身的骨架，纳入或排出从语言本身中产生的可能形象。在语言本身变成绝对的状况中，语言用不着从任何一张嘴中说出；它要同时成为自己的创造者和受造物。“*l suo fattore non disdegnò di farsi sua fattura.*”[11] 同理，绝对语言将自己呈现为不受任何语言外的具体定位所约束；一个语言形象可以在语言场域内的任何地方发生，而且可以在多处同时发生。在第一章中，我们在讨论测量作为技术历史力量的几何中心时，考察了序列原理的症候显现，现在我们看到，绝对化的语言正是序列原理的浓缩。

67 为了更好地说明绝对化语言的性质，我们要引入第一个本体原型化身。技术流溢链上第一个本体的原型化身是真与再现

11 “造物主不再藐视此乃彼之造物。”译者按：作者在此给出的是 Wordsworth 2009 年英译本的翻译，中译参照：《神曲》，王维克译，人民文学出版社。

的等价：真即再现，再现即真。[12] 我们可以在当代世界经验的无数方面，在人类活动的所有领域发现这一等价的运作。让我们一块一块地拆开，先看第一个要素：真。

出于简洁起见，我们可以说，断定某事物的真实情况，就是主张某事物“成立”；我们也意识到自己是在支持一种特定的定义，而排除了其他定义。举个例子，如果我说一块砖是红色为真，我的意思是：红色是这块砖的颜色一事成立。如果我说某事发生过为真，我的意思是：这件事发生过一事成立。诸如此类。乍看起来，这可能只是普通陈述句；但如果我们将真视为一种创世力量内的机制，那么它的影响范围很快就会显明。从本体论角度看，“成立”（being the case）取代了单纯的“是”（being）。通过假定真机制（truth-mechanism）是创世力量结构中的一个关键元素，我们见证了这个转向：某事物进入实在的基本属性从“存在”，变成了“成立”。用形而上学的术语可以说，我们从“物”的世界进入了由“事态”组成的世界。这一转变有几个层面的影响。“是”或“不是”是事物本身就可以具有的性质，而“成立或不成立”则完全依赖于外部的承认。一件事“成立或不成立”，既需要一个让“成立或不成立”得以发生的语境，还需要将该事的真假作为“事态”来说明。不论“成立”还是“不成立”，都完全依赖于承认其主张的说明，以及使其可以有意义地主张真或假的语境。因此，“物”可以完整

12　关于再现和真的本体论问题的一篇精彩深入的讨论（尽管是从更接近魔法而非技术的视角出发的），参见 *The Problem of Representation*, in M. Cacciari, *The Necessary Angel*, translated by M. E. Vatter, Albany, NY: SUNY Press, 1994, Chapter 3, pp. 39–53。

68 自主地存在，事态的在场却是不确定和从属的。这就是说，事态从属于语境——事态被提出发生于其中的语境——对其的承认。作为一项本体论原理，真的这个方面指的是，物在绝对化的语言内部被单纯归约为某一语法位点的“成立”（或者用第一章的话说，“激活”）。在绝对语言内部，物被归约为事态，事态需要被插入序列才能获取意义、得到阐明。在序列“说出”物，让物在序列中在场之前，物本身什么都不是，因为物甚至没有进入可以讨论其存在或不存在的舞台。在前一章中，我们已经看到了这一抽象机制会如何翻译历史序列的日常运行，比如金融、大数据、神经科学、公民身份等等。

但“真”这一概念在绝对语言内发挥的作用还不止于此。另一个重要方面与“是或不是”和事态“成立或不成立”两者间的语义区别有关。“是或不是”是未能充分表达其对象的定义，因此是象征性的言说（下一章中会详述），“成立或不成立”的定义则完全包含和表达了它所意指的对象。存在（是）这一事实本身是超形而上学的范畴（从爱利亚学派到后尼采主义者的大批哲学家孜孜不倦地重复着这一点），而“成立或不成立”则没有超出描述性指意的过程。一个能够充分地、功能性地表达意指对象的“成立或不成立”式定义范例是计算机的1—0基础序列，其中1代表“成立”，0代表“不成立”。事实上，1—0数字序列可以视为序列整体的原型。在位点本体论的语境下，序列本质上总是一串1和0，“成立”和“不成立”。

技术将真与再现等同了起来，其中真代表语言基本指意过程的本质；曾经是物的独立存在，在这里却被降格为事态，完

69

全依赖于物被插入的序列对其的承认。同时，真表明了被归约为事态的不确定的、从属的物态，其实是技术世界中唯一可能的在场形式；1—0 序列是一种功能性序列，它的基础是一条形而上公理：不能被归约为“成立或不成立”的一切都不存在。简言之，真指的是存在者被纳入绝对语言，从而纳入技术宇宙论时所经历的本体论转变。

前述等价命题的第二个要素是再现概念。这里的“再现”（representation）不只是制作副本，其中原本与副本之间是唯一与相似的关系。而是再现的本质就在于复制和再生产的过程中，它被拔高到了本体论原理的地位。简言之：真作用于物的自主存在，将存在一扫而空，换上“成立或不成立”，再现则作用于物的定位。我们通过考察“物”与事态的区别，能够更清楚地看清这个过程。物（指的是存在者，而非纯粹的语言建构物或者事态）不仅存在于自身，也存在于具体的“定位”（localization）中。一个物，任何物总是既是独立自主的存在，同时也是“那个”具体的物，位于“那个”独一无二的时间和（或）空间，处于“那些”具体的界限之中，等等。比方说，无矛盾律发挥作用的基础是，某物是“那个”独一无二的物。甚至观念，如果我们将观念视为非物质的“物”的话，它也不仅仅是独立自主的存在，而也处在与它出现的现实环境之间的具体关系中，是“那个和那个”观念。物之所以可能成为主体的客体，或者客体的主体，正是因为它一方面是独立自主的存在，另一方面又是作为“那个”存在者而处于具体的定位之中。反过来看，物一旦被转化为事态，便不再具有独立的存在，也不再受到除了所属序列以外的其他任何定位的约束。物既不是“本身中”的存在，也不是任何独一无二的“那个”。这意味着物可以同时出现在不同的位置，同时作为文化、经济等不同历史序列的一部分出现。事实上，物仅仅是不同序列内的同时在场而已，换句话说，物不过是不同序列中的位点的同时激活。真的对象（即“成立或不成立”的事态）能够同时在多个不同位置或序列中出现，这就相当于它有无限再现的能力。这种拔高到本体论原理层次的无限复制能力的形式，指的不是将原件复制无穷多次，而是某物可以同时在场于潜在无穷多个位置。

70

既然无限再现的能力是绝对语言内事态的一个特定而重要的方面，我们便可以将其视为事态的关键本体论属性之一。如此来理解的话，再现同时又与构成技术宇宙论的“材料”的宽泛性与空洞性有关，还与这些“材料”能够无止境复制，也就是成为生产对象的性质有关。这种再现概念在当代金融领域，尤其是衍生品市场中一下子就能看到；在金融界，被定价为（即被变换为）事态的“物”要同时出现在多个位置，潜在地可以出现在无穷多个位置，因为其复制能力只受到所属的金融一般语言序列的约束。

分别考察过真与再现两个概念在绝对语言这一本体中的状况后，我们现在可以尝试将它们一并放入技术的初始等式中。真即再现，再现即真，它表明了这样一种本体论场景：构成世界的“材料”仅仅是“事态”，一方面缺乏独立存在性、独特性与具体性，另一方面又在本体论层面彻底失位（un-situated），可以被无限复制——或者换一种更好的说法，等同于自我复制。作为绝对语言的原型化身，这一等式阐述了技术流溢链条上的第一本体何以是技术创世论的根本维度，进而构成技术的本质。作为构成技术创世之力内在结构的流溢链条中的第一原理，绝对语言为它之后的所有本体设定了参数和节奏。它在此具有的最纯粹的结构化能量，在之后的各个本体中会渐次削弱，直至耗尽。 *71*

既然我们讨论的是创世原理的架构，我们对它在相继层级中的描述就应当按照概念的顺序，而非时间的顺序，此固无需多言。第一本体只是在概念层级中先于末端的本体，而在现实中，它们是同时、同在于技术创世论中的原理。

第二本体：测量

从第一本体流溢出第二本体，就像太阳放射出阳光一样。技术创世之力的第一条结构化原理从自身中产生出了第二条原理，后者更加具体，少了几分力度，但大体上仍然遵循同样的概念范式。第二本体以第一本体为基础，同时又是后续本体的基础。我们可以将这种本体之间的“遗传信息”传递想象成一场传话游戏，一句话依次往下传，直到原初意义变了样。但在第二本体的层次上，我们还不用太过担心变样问题。“测量”本体回望着“绝对语言”，好像在寻求指示，包括对测量本身的指示和要测量传递下去的指示。[13] 然而，测量在接受绝对语言的关

13　关于“技术”和“魔法”中各种不同“测量”概念的一篇讨论，参见 *Measure and Manifestation* in R. Guenon, *The Reign of Quantity and the Sign of the Times*, Hillsdale, NY: Sophia Perennis, 2001, pp. 23-30。

键创世设定的同时，对其进行了新的解读，不将其视为自足的原理，而视为方法指南。于是，测量接受了绝对语言的基本序列，即 0—1 数字序列，并将其投入应用，使其在文化、历史、经济、政治等领域的具体序列中增殖。原先作为绝对化创世原理的语言的本质，在这里变成了一种遍历无数个例化的普遍方法；这就好比从火的本质中迸发出了无数有其根源的火花。因此，第二本体测量要为自足抽象的绝对语言的碎片化负责，它将绝对语言变成了以序列原理为结构化方法的具体个例的增殖：从序列原理变成了众多可能的序列，从作为原理的再生产变成了生产序列的实际成型。

72

技术流溢链第二本体的层次还突出了序列与构成序列的项目之间关系的一个特点。绝对语言要求，想要在世界中合法在场的一切都必须属于某个序列结构；测量又加上了一条：必须将序列视为终极目标。技术世界中的“材料”不仅要为了适合加入序列而变异，还必须将所属序列的不断扩张视为至高无上的伦理目标。于是，测量向技术创世论内部加入了伦理维度，设定了之后所有本体的总体行动方针。绝对语言规定了技术创世论的总体本体论坐标系，测量则让具体对象增殖，朝着“终极善”前进——也就是序列性的无限扩张，绝对语言本质的无限胜利。

第一章中对测量的考察一方面是根据它之于语言的功能，即测量是语言的一条操作原理，另一方面是根据它之于工具性概念的功能，即测量为其提供了必要的基础。既然我们已经在那里勾勒出了作为技术核心原理的测量的多条基本特征，现在就可以直奔它的原型化身了：数字（mathematical number）。

一上来就谈论数字可能会产生误导。从词源角度来看，数学（mathematics）一词出自 *mathēmatikē tekhnē*（求知之术），后者又源于 *manthanein*（学），于是我们可能会把数学视为最纯粹的知识形式，于是数字是中立的概念项。但与任何文化形式一样，数学也是由历史塑造的。[14] 因此，前现代对“数学”一词的理解只有部分方面留存至现当代用法中，而其他方面已经完全废弃了。在我们当前分析的语境下，我们谈到“数字”时采用的是它当下的词义和用法，而不是今天通常称为“数字命理”（numerological）的前现代认识。事实上，如果我们将数字与术数意义上的数字概念做一对照的话，数字作为技术测量原理的原型化身的意义就会更加明显。

73

在最基础的层面上，按照当下的理解，数字序列表现为一种无穷多位点的样式。每个数字对应无穷样式上的一个位点，位点之间只在数学序列内才有不同（也就是说，它们本身并非独特或不同的）。每个数字在本体论层面的分量，不管大小，都是完全一样的。比方说，数字一和数字十指的是序列中的不同位点，但并不承载任何本质上不同的本体论特性。这又是一个位点本体论的问题，其中一个可能位点的激活与另一个可能位点的激活在本体论层面是等价的。我们在第一章中已经观察了这一现象，当时是在考察存在者如何被归约为序列实体，最终仅仅成为一个或另一个位点的激活者。激活序列中的位点的

14　关于历史中哲学、神学、文化和数学间不断变化的关系的详尽考察，参见 P. Zellini，*La Matematica degli Dei e gli Algoritmi degli Uomini*，Milano：Adelphi，2016。

"物"不再是物，而仅仅变成了一种事态的"成立"。比方说，在金融序列中，一美元是来自奴隶童工，还是来自房产估值增加并不怎么重要，或者根本不重要；占据一美元位点的"物"在本体论层面是空洞的，而且在它可能出现的无穷多个序列中都是完全等价的。同理，在这样的本体论中，一名士兵的死与一千名平民的死只是一个序列位点的问题，"物"在这两种情况下都失落了，两者在本体论层面是等价的，终究也是虚无的。或者再用同样的视角去思考公民身份与移民，公民与非法移民的位点是固定的，而每次具体激活位点的"物"在本体论层面都是等价的，根本上是没有自主存在的，不管它的数量有多少。存在的只有位点，但位点也没有真正本身的存在。

74

数字本身只是空洞的位点，而当它们在技术世界中有意义地出现时（1 个公民、2000 个平民、7 个溺水移民、3 吨木材、100 亿美元），每次激活它们的物在本体论层面都是等价的，归根结底是空洞的。于是，数字代表着一条在技术宇宙论中的每个序列中都发挥着作用的本体论原理。问题不像许多善意的人文主义者翻来覆去说的那样，是物在当代世界中被转化为数字，而毋宁说是物和数字本身都被归入了同一类湮灭本体论。[15]

然而，数并非总是我们今天所知的这样。我们所理解的数学，其性质本身是随着历史上的主导实在体系变迁而逐渐变化

15 塔杜施·鲁热维奇（Tadeusz Rozewicz）对此有过优美精妙的描绘，"绝对者的灭绝摧毁了 / 它显现的领域" in *Kredowe Kolo* (The Chalk Circle)，我译自意大利文版 T. Rozewicz, *Bassorilievo*, Milano: Libri Scheiwiller, 2004, p. 65。

的。[16] 如果我们去考察早期现代性以前东地中海的数学传统（也可以去看中国、印度和后来西欧的数学传统），就会发现一种更准确地说应该叫“术数”的算术形式，或者按我们今天的说法，数字命理学。[17] 数字命理学与哲学的关系是一个历史事实，相关记载丰富但常常被忽视；第一个使用“哲学”这个词的哲学家毕达哥拉斯，集哲学家、魔法师、神学家和数学命理学家于一身。勒内·盖农（René Guénon）在他的纲领性著作《数量的统治与时代的记号》的开篇指出：

75

> 毕达哥拉斯数被设想为万物的原理，绝不是现代人——不管是数学家还是物理学家——理解的数字，正如最重要的不变性不是顽石的不变性，真正的统一性也不是被剥夺了全部自性的存在者的单调性。[18]

数不仅仅是序列中的位点，而本身就是物，这是毕达哥拉斯哲学乃至前现代数学传统中的一个核心观念。每个数，尤其

16　参见 *Varieties of Mathematical Experience*, in P. J. Davis and R. Hersh, *The Mathematical Experience*, Boston, MA: Houghton Mifflin Company, 1981, pp. 31–65。

17　数字命理学曾对数学以外的其他思想领域有过深刻影响。受其象征主义影响的例子从装饰图案和建筑（尤其是在伊斯兰世界，参见 K. Critchlow, *Islamic Patterns: An Analytical and Cosmological Approach*, London: Thames and Hudson, 1976）一直到音乐（参见一部极富见地的音乐结构研究著作 M. Schneider, *Singende Steine: Rhythmus-Studien an drei romanischen Kreuzgängen*, Munich: Heimeran, 1978，我所参考的是意大利文版 M. Schneider, *Pietre Che Cantano*, Milano: SE, 2005；另见葛吉夫对数字命理学、宇宙论和音乐之间的论述，P. D. Ouspensky 在 *In Search of the Miraculous*, San Diego and London: Harvest Books, 2001 中进行了总述）。

18　R. Guenon, *The Reign of Quantity and the Sign of the Times*, Hillsdale, NY: Sophia Perennis, 2001, p. 5.

是个位数，它们独特的本质和存在具备强大的力量，包含实在基本结构的方方面面。比如我们看数字一，它不只是某个平凡单位的标志符，而是一个物，它本身就是一条实在的原理。一不只意味着统一；作为单元（monad），它就是统一原理的化身。事实上，严格来说，“一”甚至不是一个数，而是万数之源。类似地，二不仅代表一的叠加；作为重元（dyad），它是多样性原理的化身。以此类推。在此基础上，毕达哥拉斯学派的数学家们眼中有一张亲缘或通感关系网，将所有数联系在一起。古希腊故训汇纂家安条克的埃提俄斯（Aetius of Antioch）在《性理大义》一书中借着毕达哥拉斯主义的说法，简明扼要地介绍了古代数学的上述方面：

> 墨涅萨尔库斯之子，萨摩斯人毕达哥拉斯从另一个来源推演出万物的原理；他是第一个为哲学命名的人。他认为第一原理是数，他将由数产生的对称关系称为和谐，又将数与和谐共同产生的元素称为几何。此外，他列举了这些原理中的一元数和不定的二元数……此外，数的本性（他说）在于十……他还断言十的价值在于四元数，原因如下：一个人从一开始逐个往上加，四个一组，会加到十；如果加到了四以上，那和就超过十了；因为一、二、三、四之和恰好是十。因此，从单位的角度看，数的本质是十；但如果从能力的角度看，数的本质是四。因此，毕达哥拉斯主义者说，他们最神圣的誓言是献给那位带给他们四元数的神。
>
> 以圣数四的创造者，永恒本性的源泉与根由之名，他

76

们宣誓。[19]

这段对毕达哥拉斯派数学（以及大多数前现代数学观）的简要描述有几个有意思的方面，尤其是与我们说过的当代数字概念进行比较。数字命理学中的数是如此沉浸在自身独特存在中的“物”，以至于自身就具有力量，对应于某种为世界设立框架的力量。数与物一样彼此相关，数的对称与和谐是具体的殊相，我们每天通过感官就可以遇到。作为本原存在者，数是实在的基础材料，尽管每个数都保留了各自独一无二的性质，仿佛是世界这座原子万神殿中的众神。[20]

但我们感兴趣的主要不是毕达哥拉斯的形而上学图景，而是他的数字观与我们的问题——物何以能够在世界中存在，进一步讲，不同的实在何以能够发生——之间的隐喻性共鸣。现代数学意义上的数产自测量这一原型，例示着一种没有任何独立自主事物存在的宇宙论；数字命理学意义上的数则是它的反例，代表着另一种事物独一无二地、有力量地存在着的宇宙论。此外，毕达哥拉斯学派的数还能指向一个超越其直接语词定义的维度。循着亚里士多德所谓的柏拉图“未成文学说”的残篇，我们能看到一—单元、二—重元、三—三元等实体如何既

77

19　Aetius of Antioch (Pseudo-Plutarch), *Placita Philosophorum*, Book I, Chapter 3 – in Plutarch, *Plutarch's Morals*, translated from Greek by several hands, corrected and revised by William W. Goodwin. Boston: Little, Brown, and Company, 1874, Vol. 3, pp. 109–10.

20　关于晚期毕达哥拉斯学派对数字命理学中的数及其宇宙学意义的著述的综合性选集，参见 D. Fideler and K. S. Guthrie (ed.), *The Pythagorean Sourcebook and Library*, Grand Rapids, MI: Phanes Press, 1988。

是物，又是原理，还是超越语言之物的象征。数学命理学中的数向我们呈现了另一种实在体系的直接可见的例子，其中实在允许独特、自主的存在者出现，同时对我们只能界定为“不可言说”的维度敞开。但我们现在不应该太过超前。下一章讨论“魔法”的时候会详细讨论这些内容。

现在，我们要指出数学和数学命理学中的数的另一条关键区别，引出“测量”本体的“伦理”面向，从而结束对第二本体的考察。我们前面介绍技术内部流溢链的这一环节时说过，测量为一切位点激活者设定的终极目标是序列的个断扩张。当然，我们可以从资本主义生产体系下的当代被剥削体验中举出例子；人在这一体系下是工作、消费、公民身份、压迫等方面的位点激活者，被迫将所属生产序列的无限增长作为自身活动和存在的终极目标。但在这里或许更切题的做法是不再赘述历史事例，而停留在创世机制及其原型化身的层面上。如果我们去考察当代所理解的数字序列，我们会看到一个无限的位点样式，序列向四面八方无止境地辐射开去。本书前面讲过，在技术的宇宙论中，无限与测量是一对手拉着手的兄弟原理。但这里要强调两者兄弟关系的一个更具体的方面：数字序列的无限扩张依赖于数字位点的依次有序排列。要想让这种无限发挥作用，我们要始终假定一个序列中没有本质性的断裂，就如同一条不断延伸的电缆，或者一列完全连续的士兵。从这一几何视角来看（也就是考察测量的空间维度，它的无止境扩张），我们就会发现每一位点的功能最终是要让下一位点发生。所有位点就自身而言都没有任何本体论分量，因为它们全都不过是守护

78

“世界中的在场”这座宝库的卫士，而积累起这座宝库的是恶龙一般的序列原理。然而，真正证成位点的在场——不论多么从属，多么脆弱——的因素在于，位点是测量内无限的实施者。无限生产的律令是位点唯一可能的行为准则。

数字命理学中数的概念则恰恰相反，测量不是它们的本体论原理，序列的无限也不是它们的终极目标。每个数都是不可通约的，也不能归约为其他任何一个数，因此不可能将测量作为它们的基本本体论原理。相反，组合所产生的一切都以它们本身为测度的原理。更重要的是，它们的彼此相续不是以序列的方式，而是以循环的方式。古代数字命理学著作，如杨布里科斯的《算术神学》[21]，通常重点讨论个位数，辅以少量个位数以外的相关数字。古人之所以特别关注一到十，是因为数字命理学认为其他所有数字都只是最初十数循环的复合形态，继承和组合了一到十的性质。举个例子，数字命理学正是在这一构想的基础上被用于字母表，因为字母的数值之和（古希腊人经常用字母来象征数字）可以通过“神智加法”或“还原法”归约为一到十之间的某个数值。[22] 数字命理学的范围局限直接指向了一种作为有限空间的实在概念，尽管是在隐喻的意义上。事实上，斯宾格勒敏锐（尽管带有贬义）地指出，他所说的阿波罗文明的一个根本特征是：只有当实在消除了一切实现无限的企图时，存在才会在实在中发生。尽管无限的合法性并没有被完全否认——比如在阿纳克西曼德的宇宙观中，无限

79

21　Iamblichus, *Theology of Arithmetics*, Grand Rapids, MI: Phanes Press, 1988.

22　参见 A. Schimmel, *The Mystery of Numbers*, Oxford: Oxford University Press, 1993。

（*apeiron*）就是万物的谱系学起源[23]——但它被排斥于实在领域之外，也就是存在呈现为世界的领域之外。与毕达哥拉斯学派的数一样，阿波罗文明的人意识到了无限增殖的可能性（毕竟，重元就是无限作为多样化的原理），但并不接受它为自己的几何与伦理视界。如果说技术将无限扩张设定为自身内在运作的目标，那么数字命理学中的数则指向一种摆脱了无限重复概念的绝对形式。

第三本体：单位

从第二本体流溢出第三本体，单位，就像月球表面反射出的阳光一样。这又是一场传话游戏，测量收到了来自绝对语言的消息，又等而下之地传递给单位。抽象语言是技术创世论的第一原理，测量是它在复数可能性中的实现，第三本体单位则处在这一无限增殖的具体细节步骤的层次上。目前为止，我们都是在其于单个序列、位点、位点激活物的无穷复制中讨论序列性这一宏观原理；现在，我们接下来要考察单个序列中单个位点的单次激活，从无边无延的“哔”声进入短暂的一声“哔”。

这一本体之所以在技术流溢链中特别重要，还有一个原因是彻底失位的概念——我们之前结合绝对语言讨论过——从

23 关于阿纳克西曼德现存哲学论述的批判性辑录，参见 *Anaximander*, in G. S. Kirk et al. (eds.), *The Presocratic Philosophers*, Cambridge: Cambridge University Press, 2005, pp. 100–42。

这里开始慢慢消失了。独一无二的“那个”在绝对语言的层面遭到驱除，但到了单位这一层面又开始浮现。尽管绝对语言努力要实现一种绝对等价的状态，彻底抹杀世界里的“材料”的独特性，但单个序列位点的单次激活事件悄悄地引入了某物，开始反抗这一釜底抽薪的行为。每当一棵树激活了“木材”位点，或者一个人激活了“移民”位点，某物就神奇般地出现了，怯懦地重新声张“这个”自己。然而，要将这一点视为技术创世论的滑铁卢还为时尚早。接近第三本体仍然是我们在技术公海上航行的一部分，尽管目光敏锐的人能从天上云彩的形状看出远方或许有一片陆地，或许还在抵抗覆盖这一切的水域。

80

以测量为中介的绝对语言的创世能量在单位这一层次依然相当有力。毕竟，技术是在这里找到了创造它的世界的原料。作为单个序列中单个位点的单次激活，单位是所有历史序列的最小组成部分，不管是文化、政治还是经济序列等。它是单个序列中单个位点“成立”或其反面“不成立”的单次个例。因此，单位具有双重性，这符合其既继承了测量的消息，又要将消息传递给后续本体的双重角色。一方面，单位由它要激活的特定历史序列中的特定位点所塑造，在此意义上，单位之间会有区别；一吨木材与一种引发冲动消费的人类情绪，在形式上不尽相同。但另一方面，在本体论层面上，单位之间又是完全等价的。一次激活与另一次激活是相同的，因为它们都只是激活事件的个例；在技术宇宙论中，激活一吨木材的“材料”与激发在收银台买零食的欲望的“材料”在本体论意义上是完全等价的。两者都不是独特的、自主的“物”。回到之前概述二十世纪技术哲学时讨论过的一个概念，单位是工具的创世模型，由此体现了技术的基本面向，包括抽象层面和历史构造。

作为技术流溢大厦中的第三本体，单位的所有主要特征也可以在它的原型化身中找到：*信息*，或者说*数据*。谈起信息或数据，我们不可避免地会想到当代世界一个突出的、每天呈现给我们的日常经验的方面。今天，基本上每一个知识和活动领域都是围绕信息这一基本单位建构的。从信息技术到知识无产阶级制作的海量业界电子表格，从美式考试教育到数据库的膨胀，信息似乎成了当今每一种活动的基础“材料”。事实上，这种印象正确得不能再正确了。信息是世界的“材料”让自己可以被用作工具的格式；因此，在技术宇宙论下，信息就是世界实际出现的格式。技术宇宙，作为“备用材料”的仓库，就是信息构成的无尽拼贴画。如果我们考察一下信息是如何与信息被认为所依赖的基础，以及信息最终指向的生产体系两者相关的，就能够思考信息与技术之间的深刻关系。信息被认为是描述“物”的，但事实上与物只有极其薄弱的关系（如果有的话），这符合其源于测量的身份。事实上，当代对信息和物之间所谓的指示性关系的兴趣，最终说来是一种怀旧的迷信形式。一则信息的格式绝不会与任何被认为先在于它的东西相关。与数字一样，信息没有传达存在的空间——再说了，按照绝对语言，它之前根本不可能有存在。信息就是世界的开始和终结。因为信息不依赖于任何先在的“物”，所以它并不会哺育任何更高形式的知识。每一个信息的集合体，不管多么复杂或庞大，本身永远只是又一条信息罢了，准备作为工具投入更大集合体

81

中的下一个生产环节，永无绝期。最近关于“后真理”概念的政治辩论也应该结合信息在技术内的本体论地位来考察。“事实”与“新闻”的脱节不只是当代政治斗争的结果，而恰恰是因为过去几十年来一直塑造着世界的（非）实在体系才成为可能（或必然）。

如果我们将信息视为单位——单位本身是实在的最小组成部分——的原型化身，那就必须考虑到另一个必然伴随的过程。当一个序列中的位点被激活时，每次激活都是一则信息，都需要被认真观察、记录和公布。如果我们从创世论层次来考察这个方面的话，就能明白当代社会的“景观”特征主要与本体论的要求相关，而非文化或政治宣传的原因。作为信息的单位，与观察、记录和传播它的景观携手并进。如果一个位点的单次激活没有被传播，甚至虽然被传播了，但只是对空传播或只是面向警察局内网传播，那么这次激活就不算是信息，因此最终说来根本没有发生。信息依赖于一种序列，它既是生产序列，也是记录和传播序列。在这种视角下，我们还可以解读如今无处不在的词语“数据”（data）包含的众多意义。Data 是 *datum* 的复数形式，意思是“给定”的、稳固的、真实的东西。单个 *datum* 是确实的，既因为在它之前什么都不存在，也因为它是作为“给予”某人之物而发生，也就是交给了另一个可以接收、记录和继续传递它的实体。但我们今天谈论的是这些“给定之物”的复数形式：data。这是因为一则信息从来不是孤立的，也不可能孤立存在。打个比方来说明：古代数学用石子计数，现代数学则用信息技术的格式——比特来计数：石子可

82

以独立存在，也可以以数学模式存在，但比特永远不可能独立存在。同理，被转化为信息仓库的世界必然会趋向的结构，是一个不断扩张的生产分配网络。无限增长既是测量本体强加的道德律令，而到了第三本体的层次，它又是信息存续的必要条件。如果扩张过程突然停止，我们称之为“世界”的总信息库有了一个封闭的、永久的形式，也就是最大可能信息，那么，它本就脆弱的在场会立即陷入彻底的黑暗。从其创世功能的角度看，无限增长就是技术的救赎论版本，因为技术只知道用这一种焦虑的方式来拯救作为信息的世界，以免其完全湮灭。

83 信息，作为单位本体的原型化身，显示了两个名字相近的词之间的对立关系：单位（unit）与统一（unity）。统一的例子有毕达哥拉斯学派的单元和新柏拉图主义的太一，它是一条代表着完整自足状态的原理，既是物的完善的顶点，也是物的存在的顶点。元一（the unitary One）是高于其他一切的存在，因为他物都不如元一稳固和自足。单位则相反，它意味着世界必然解体的状态。单位不仅永远不能完整，而且也不应该完整；一旦它要退出生产和无限增长的无尽链条，它就一下子再也不可能重获在世界中的公民身份了。面对这条被归约到纯粹工具性层级的律令，我们开始感到了论述第三本体的本节开头提到的那种微弱、无声的反抗。

在技术创世论下，任何存在者（更准确地说，任何“过去被认知为存在者的”东西）都被归约为可以同时发生的激活的数目——可激活的数目越多，越能够为了扩张各个序列而进一步引发激活，它在世界中在场的合法性就越高。因此，一个人越能同时激活不同序列中的多个位点，他或她在世界中在场的合法性就越高。资本主义女性气质的陈腐模板就是这种本体论要求的一个范例，它要求女性成为超人，可以不知疲倦地同时处理多项任务，几乎达到无处不在的地步。任何被我们单独起了名字的事物也是一样：植物、动物、矿物、气象事件等。当它们激活的速度开始下降，或者开始将自己局限于少数乃至一个序列时，它们在世界中的合法性就开始减弱。如果它们要退出一切可以加入的历史序列，那它们在世界中的在场就会戛然而止。

然而，一个被归约为信息的纯粹集合，也就是工具单位的纯粹集合的人，他即便忍受着巨大的压力和剥削，也一定要挑战塔耳塔洛斯地狱中的巨石。一个人被变异、被撕裂、被绑在信息流程的磨坊风车上，他不禁要像其他所有存在者一样痛苦嚎叫。这或许是无声的嚎叫，比如抑郁，比如困兽的坦然自杀（stoic suicide），但它表达的痛苦却更加真切。事实上，这种痛苦正是那个“某物”——那个我们眼中奇迹般浮现出的抵抗形式——的最初表现。那是遭受技术的轮刑折磨的存在者的痛苦，它开始提醒我们，归根结底，技术的创世论必然是不完全的。其中仍然有某些异质的成分，尽管眼下在实现统治世界的绝对语言原理时，它还只是痛苦的呢喃。 84

第四本体：抽象一般实体（AGE）

第四本体是从第三本体流溢出来的，就像一束穿过云层的光。这一形象同样在本书第一章中就出现过。但这里是从另一个视角，把它视为另一种实体来看待。它不再是生活在历史之内的人眼看到的存在形象，而是技术创世之力内在架构中的超历史本体。由此可见，AGE 是流溢链上的第四实体，由单位诞下，上承测量与绝对语言，下接第五个，也是最后一个本体。因此，对 AGE 的考量必须沿袭之前具体程度递增的思路，从宏观原理绝对语言到测量（实际序列的多样化），再到单位（单个序列中单个位点的单次激活）。AGE 保留了与单位相同的创世地貌，依然处在单个序列中单个位点的单次激活的层次上。但它不是从普遍性，而是从特例的角度来看待个例的：AGE 指涉的不是激活现象本身，而是具体指向在特定状况下发生的实际激活事件。与单位层次一样，我们在这里也能发现某种会更加强化抗议和反叛力量的“某物”。到了这里，如果我们连最起码的怀疑都做不到，不怀疑序列之外有一些其他在场者参与决定了世界中浮现模式的形式，那我们怎么能谈论激活的具体模式呢？随着绝对语言的光辉逐渐耗尽创世的能量，一道异质的阴影开始增长。

85 单位指的是激活单个序列中单个位点的现象，之前从历史角度考察的 AGE 指向的是技术世界中的存在体验，而作为第四创世本体的 AGE 则界定了激活模式在技术世界中的表象。我们仍然常常将这种模式——带着迷信和怀旧的精神——加诸个别事物的名称：这棵树、这匹马、这个人、这颗石子、这个想法、这片云彩。在技术创世论中，每个个别名称分别对应于一种特定的激活模式——不指代别的任何某物。比如，当我主张“我”，作为一个具体的、个别的人“存在”于技术世界中的合法性时，我与一种特定的激活模式重合——由我激活的特定性别位点、公民身份位点、工作位点、欲望位点集合、技能位点集合、健康指标集合等等——或者换一种更好的说法，这些激活构成了"我"。但在技术宇宙论下，什么是这个"我"呢？在这样的创世大厦中，它和所有个别名称被赋予了什么位置呢？从本体论上考虑，"我"所是的虚无，以及我被完全归约为若干历史性生产序列中的若干工具性单位这一状况在这里略有缓和，因为空洞的"我"有了一个所属的类别，不管何其虚妄。在技术宇宙论中，根据技术创世架构的形式，我只有作为一个 AGE 才能主张我的个体性。任何其他想要主张自身个体性的激活模式，或者任何想要赋予其他事物——植物、岩石、气候、思想等——一定具体性和个体性的人也是一样。当然，AGE 是纯粹的唯名论建构，因为它只不过是一个名称，定义了一种特定的模式。事实上，在技术宇宙论之内，我称作"我自己"的特定模式本质上并不比其他东西更贴切，比如另一个包含了一部分我自己的模式、杯子的朝向、大气的臭氧含量、凡尔登会战的某些时刻。[24] 然而，某些模式之所以更有资格被提升为 AGE 的个别名称，凭借的是这些模式在扩张其激活的序列中发挥的具体功能。打个比方，我们通常定义为"这棵树"的特定激活模式比较容易同时纳入多个不同历史序列（环境序列、经济序列、旅游序列等），而这棵树的叶子的颤动和蒙古国 GDP 的波动就 *86*

24　为这种关于客体的"非传统本体论"（被定义为"融合原理"）的辩护见：M. Heller, *The Ontology of Physical Objects*, Cambridge: Cambridge University Press, 2008, pp. 49–51。

比较难了。作为纯粹的唯名论实体，“这棵树”特别适合插入多个不同的生产体系，同时在这些生产体系之间创造某种共生关系。因此，我们不能只将 AGE 视为本体论形象，而应视为一个功能性建构，就像是某个庞大企业集团中的某个部门或岗位；不管 AGE 的在场怎样空洞和任意，它在整体生产增长过程中扮演的角色，都证明了它的合理性。

正是参照这些方面，我们才能找到这个本体的原型化身：处理器。处理器在这里可以理解为传统“主体”概念的特殊进化产物，它保留了“主体性”，但丢掉了自主存在和意志的层面。作为活动的核心，这个主体在这里变成了一个唯名论形象，被赋予了多个过程中的特定时刻。这些活动（也就是为了扩张序列而激活位点）的责任也落到了处理器头上，好像它可以决定不做似的。事实上，处理器既没有采取这种或那种行为方式的自主意志，也不能决定终止自身的活动。处理器就是自身活动的模式，而且如果它要放弃某些活动，也就是退出某些序列的话，那要么是为了进入新的序列（从“劳动者”变成“失业者，或者说贪餮福利者”，或者从“公民”变成“移民，或者说罪犯”等；它们在技术眼中都是同样合法的，都为技术发挥着自己的功能），要么就是湮灭过程的一部分，会影响它能否呈现于世界之中。自主性和意志被剥夺的处理器甚至不能说是某种决定论机制的一部分，因为事物最起码在理论上要有与实际情况不同的可能性，这样才谈得上决定论；而技术创世论中则恰恰相反，只有序列体系不断扩张的“成立”才可以说是真正存在，除此之外就是绝对的虚无。处理器这一原型接过自己所插入的基本体系范式（在技术中，就是序列体系通过不断激活序列位点而不断扩张），然后实际实现它。处理器是活动的核心，因为它其实不过是一个指派给特定活动模式的名称。 87

如果运用到技术世界的日常经验中，处理器的形象有助于澄清当下状况的某些方面：看似被无偿奴役的“完全工作”（total-work）状态。人类（或者养殖动物、瀑布等等）屈从于超剥削的状况，从传统的劳动形态延伸到了剥削我们的情绪，因为我们在世界上的本体论位置只不过是特定的活动模式。我们似乎变成了纯粹的工人，因为在技术宇宙论中，我们除了工作什么都不是。不消说，在这种视角下，给这个过程起其他名字的普遍倾向——尤其是我们将剥削归咎于所谓既有的“资本家”或者某种经济制度时——也应该被认为是一种怀旧的迷信形式。只考虑工作的具体历史维度，只将其视为经济 / 社会 / 政治等活动意味着，我们还没有意识到工作在当前非实在体系中获得的创世属性。不存在那鬼魅般的 1% 人口真正享受着这一切，或者真正从中取利，或者专门要我们受奴役——因为严格来说，除了构成技术宇宙论的序列不断扩张以外，根本什么都不存在。这不是说没有人应该为任何行为负责，而是当下的世界是一个完全由绝对语言构成的虚幻实体，“负责”概念在这样的结构中失去了意义。将欲望赋予任何人也是没有意义的，因为在如今这个技术统治的世界中，欲望、活动、人与物之间已经没有了区别；这些东西都不存在，而只是呈现为序列位点的激活个例。

在此基础上，我们还可以尝试去理解本书开头提到的当代行动力与想象力危机。当下的瘫痪状态——我们在个体和集体层面都有体会，于前者是精神病理，于后者则是一种有心无力（*akrasia*）的形式，正因为这一状态我们甚至不能团结一致地应对全球变暖这样的致命威胁——其实只是我们任意地将一个批评性的名称加诸技术世界下的一个正常状态。我们不能采取不一样的行动，也不能有不一样的思维和想象，因为现在的非实在体系中没有另外的行动、另外的想象所需的基本必要条件。如果确认我们在世界中作为抽象一般实体而在场的合法性的唯一办法，是与我们的行动达成重合，而我们是作为序列内的处理器来采取这些行动，行动又完全是为了扩张序列，那么有谁能采取不一样的行动呢？如果行动的可能选项看似无穷无尽，其实都可以归约为行动在技术创世论的生产序列中的功能，那么有谁能产生不一样的思想呢？只要我们这些 AGE 根本不能作为意志的中心发挥作用，那我们怎么能以更新过的精神和欲望，去行动、去想象呢？欲望这个概念——我们在日常话语中仍然说自己有欲望——必须参照技术创世计划来解读。因为 AGE 与它们的生产活动是分不开的，所以它们与我们平常所说的它们的“欲望”并无不同。在技术下，对某物的欲望只是进入另一个序列，激活新的位点。比如，当我有买一件产品的欲望时，我只是激活了消费者序列中的一个新位点，更具体来说是与那件产品或服务相关的子序列。同时激活位点数目的不断增加——我们不妨称之为“无穷欲望”——其实正是技术创世论借以展开的过程。在这种视角下，一切种类的欲望都是平等的，而且是同等合法的，因为它们最终都归结为同一个过程，满足着相同的基本创世功能。

当然，唯一一种不具有合法性的欲望就是完全消极的欲望——是一种彻底的快感缺乏的形式，不求救赎，也不求充实。事实上，我们发现这种不服从的形式正在技术统治的世界各地迅速蔓延。当代流行的抑郁症，对一切仍然被愈发严苛的享乐律令所强制要求的快乐的彻底清空，正是这一可怕反抗形式的标志。成功逃脱技术宇宙论的手段是痛苦和受难，是一种慢性的坦然自杀。生活被关进了AGE这间毒气室，反抗压迫的唯一可能形式就是毁灭自己。当然，还有一种方式，去挑战当今世界的形而上基础本身。 89

第五本体：作为弱点的生命

第五本体，也是最后一个本体从第四本体放射出来，就像海面反射出的微光：作为弱点的生命（life as vulnerability）。在这个层次上，第一原理绝对语言的能量终于耗尽了自身，但还有最后的一丝微光——宣告着技术创世链条从头开始的可能性。随着它的终结，技术创世论也就达到了它的完满，然后回归本原。

技术流溢链完结的标志是它逐渐陷入纠缠，失去了绝对性。语言原理最初是自足的，自立自为，否认一切进一步定位的形式，如今却发现自己受到了新出现的界限的约束。正是在这里，在最后一个本体的层次上，技术遭遇了一重并非完全属于自己的时间维度。

从序列来看，时间并不存在，既没有线性的时间，也没有环形的时间。在纯抽象语言序列的不断扩张运动中，时间只是序列扩张的节奏；它在自己身后追赶，它唯一的在场模式就是“晚迟”（lateness）。技术骨子里没有现在、过去或未来，因为三者都同时共存于一条畅通无阻的生产链条中。实际上，我们遇到的是每一个生产时刻，这样的生产在强迫症似地、不断加速地自我重复。任何一个这样的瞬间，也就是序列位点的任何一次激活，都必须来回重复，从而维持或加快扩张的脚步。技术的时间——作为无休止的重复——不是流动的，而是阵发的脉冲。它的维度是几何性的，因为它与生产发生的地域重合——或者换一种更好的说法，它与生产自身重合。在技术之内，时刻与事件从来不是在时间中“在场”的，因为它们的在场只能由生产序列中它们的记录、传播行为反过来确认。它们也从来不在真正的“未来”，因为它们的潜在在场本身已经在生产了。同样地，它们也不能说已经“过去”，因为它们过去对某个序列位点的激活将永远作为后续扩张个例的基础而活跃着。技术内的每一个时刻和事件在时间上只能定义为“晚迟”，也就是“不够快”。技术的伦理维度灌输入时间，于是时间不能“流逝”：按照它的宇宙论律令，它永远要加速——尽管永远不够快。

90

技术是加速扩张的，晚迟维度是技术时间的节奏，但这个维度在最后一个本体的层次遇到了坚不可摧的抵制来源。某种别的“某物”，另一个时间维度，似乎为生产的飞驰套上了枷锁。随着它将生产建立在集成功能单元AGE之上，技术创世力量的专制统治终于被某种影响了时间本身的“某物”的复苏所打破。不管鲜活个体在形而上层面如何被归约为唯名论实体AGE，它仍然会近乎奇迹般地引入另一种时间性。拿信息技术（IT）打比方，当软件与硬件相遇，两者发生纠缠时，软件也就遇到了降临于实物的那种特殊的时间性。这一点在技术试图将其绝对领域强加于生命体，比如动物和植物时尤其明显。在这个层面上，技术操纵的本体论变异及其将存在从世界中抹杀的计划，遇到了一个似乎不可逾越的障碍。生物（包括传统意义上的生物，也包括下一章中会详尽阐述的更基础、更宽泛意义上的生物）拥有自己的时间性；生物有一个存在的内核，“此性”（this-ness）的内核，抵抗着一切将其泯灭的企图。

技术不能击败它，于是就希望通过将其纳入自己的创世论来加以补救，不管纳入的方式是多么片面和负面。从源于绝对语言的创世之力的角度看，“生命”仅仅呈现为“弱点”。一系列新的节奏和界限、一种与生命相关联的新时间，奇迹般地出现了，技术宇宙论仅仅将这种状况作为一个必须要克服的障碍、必须要解决的问题纳入自身。近年来，对生命的这种“问题化”事实上沿着两条平行的主线展开：一条是企图克服物质性；另一条是将技术纳入物质性本身的核心，进而通过暗藏祸心的模仿来接管萌生的异己。前一种策略的例子，我们尤其可以在工业生产组织与信息技术的某些分支中找到——生产性软件正在逐渐摆脱硬件，尽管完全脱离物质依托目前还没有实践的可能性。后一种包藏祸心颠覆策略的例子尤其能够在生物技术领域找到，在这个领域中，对融合脆弱生命体与纯语言性生产序列

91

两者的追求达到了登峰造极的地步。[25]不管是哪一种情况，结果都是生命（更广泛意义上还包括一切依赖另一种时间形式的事物）在技术世界内的萌生以问题、障碍、弱点的形式呈现。当存在者的生命维度（下一章中会看到，更好的说法其实是“在其生命维度中的存在者”）被纳入技术的宇宙论时，它被安上了需要被拯救的角色。尽管表面上是世俗的，但技术其实保留和强加了一批衍生自宗教传统的范畴——其中就有罪的概念，它在技术中卷土重来，其势更烈。[26]作为弱点的生命是必须被净化的本体论意义上的罪，是需要被洗刷的不洁。只要存在者的生命维度还可以被“拯救”，不管是多么不完全（因而也是无止境的），它都会被赋予世界中的公民身份。任何在技术拯救它的企图——也就是将其变异为单位仓库，准备投入生产序列的无限增殖中——面前仍然冥顽不灵的东西，都会被当成绝对不切实际的、根本不在场的，从而被抛弃。

尽管最后一个本体，第五本体在流溢链的末端，在作为太阳的绝对语言沉落的地方，但它在整个链条制度中扮演着一个根本性的角色。通过它的原型化身，也就是可能性，我们可以更好地认识这一创世层级的重要性。

92 如果说技术生产链条的不断扩张仅仅被生命这一障碍——

---

25 二十世纪俄国宇宙主义者的著作中能发现这种趋势的早期哲学与美学基础。今天的“超人类主义”思潮中还能感受到宇宙主义的影响。关于宇宙主义的概述，参见 G. M. Young, *The Russian Cosmists: The Esoteric Futurism of Nikolai Fedorov and His Followers*, Oxford: Oxford University Press, 2012。

26 关于对技术的宗教性，尤其是工作崇拜方面的讨论，参见拙著 *The Last Night: Anti-work, Atheism, Adventure*, Hants: Zero Books, 2013。

这里将其理解为问题化的弱点——所限制的话，那么它其实也因为生命提出的挑战而成为可能、变得更强。技术的在场形式本质上就是无限扩张，生命那打不败的反抗在其中被消解了，在那不断后退的、生产装置永远都追不上的地平线形象中被消解了。这个障碍的每一个个例都是一个需要消解的问题，换句话说，它们是技术进一步扩张的可能性。这种消解结构性缺陷的方法可以描述为"仿解"（resolution through simulation）。[27]既然不可能从整体上消解，那就分成一系列可能消解的部分来考虑。通过选取从不可能消解的大问题中拆出来的、越来越微不足道的小问题，然后将小问题变成可能的微小胜利，技术否认了自身的限度，同时在无限地追逐着自己的过程中无限期地前进。从这个视角看，我们还可以理解当代所有活动领域中渐进式创新所扮演的角色，以及最近几十年没有任何真正的突破性创新这一显著现象。

因此，可能性不应该理解为不确定性的极端形式，而应视为一个缺口，它只有在有可能被填补的情况下才存在。按照技术自己的时间观，可能性是"暂未"消解，它其实总是已经被消解了，因为它所在场的形式恰恰就是"可以消解的某物"。可以消解的问题之所以总是已经消解了的，恰恰是因为它是可以消解的，换言之，因为它可以被归约为序列的生产性话语。完全逃出生产性消解话语，也就是本体论层面的异变和泯灭的事物则恰恰相反，甚至连负面的在场形式都不被允许。没有任何

27　这一表述出自已故的马克·费舍尔（Mark Fisher）——标志性的巧妙而尖锐，正如他一贯的风格。

东西是不可能的，因为不可能的东西主张本性不可归约，也就主张有属于自己的本性，即不能归约为技术创世论中的线性序列的本性——而任何提出这种主张的东西，都不被允许具有任何在场的形式。

生命不可归约的奥秘顽固地逃避着技术的抓捕，却被转化为技术得胜的主题公园。通过将生命的反抗消解为一种弱点——也就是无尽的消解可能性——生命化为了技术否认自身局限的舞台。仿解恰恰表明了这种不断推迟终结的状况。比如我们去看大部分关于健康和疾病，尤其是心理健康和心理疾病的话语时，情况就是这样。对技术操纵下“万物归于工作”过程的最顽强抵抗变成了心理问题，也就是尚未完成的消解可能性。从这个角度看，我们可以更宏观地理解，当代对疾病、灾难乃至虚假的末日预言（比如在大部分当代文化产品中）的关注又是可能性的一个例子。作为弱点的生命为技术的展开提供了摇摇欲坠的、终将导致技术自身覆灭的支撑，而这种支撑定格在了它即将坠落的那一刻；它从来没有被消解，或者说完全被打败。永久的危机状态——从政治到经济、从医学到文化的几乎所有领域中的大部分当代话语，都有这样的特点——恰恰体现了这一方面。技术将自身与自身局限之间的关系维持在永无尽头的危机状态，从而冻结了这种关系，使其处于悬而未决的境地。比方说，当下盛行的精神疾病没有呈现为技术遭到生命抵抗时表现出的自身局限，反而呈现为生命本身的问题，必须由技术通过社会—医学手段加以处置和修正。正如圣奥古斯丁否认恶的存在，而将其定义为善的偶然缺失，技术也否认一切将真正逃脱它的东西的存在，而将其定义为暂未实现的可能性。例如，生命的有死性作为暂未达到（但绝非不可能达到）的永生状态被纳入了技术宇宙论；药物和医学技术正在努力达到，达到只是一个时间问题——至少话语是这样说的。当然，作为永远在场的永生概念根本就不是关于生命本身的话语，而只是技术自身的时间结构对生命的应用。

正是在这里，在它消退的时候，技术创世论退缩了，回到了自己的第一原理，开始了新的创世轮回。就其本身而言，可能性是绝对语言的最本原的手段；它是纯粹的虚拟性，归根结底只能是抽象语言，而不能是别的任何东西。它是一个只可能有一种答案的问题，因为问题是作为答案本身的反面得出的。当它接触到生命，遭到生命的阻碍时，技术就可以宣布生命只是一个弱点，一个有待回答的问题——也就是纯粹的可能性——从而让自己的宇宙论重获生机。除了重建技术自身的原初创世原理，还有什么答案能解决这个问题，还有什么形式的健康能消解这个毛病呢？如果我们仅仅将心理疾病理解为心理健康的缺失，又仅仅将健康理解为序列生产体系内正常运行的在场状态，那就可以推断出一点：我们恰恰是要在绝对语言的形式中寻求自身得救。我们只有在一个维度下才会健康，才会不死，那就是我们在场于完全承载着绝对语言能量的世界。如果整个世界是一个备用材料的仓库，那么只有当它被纳入技术，被技术消化时，它不完整的在场才能找到救赎。同理，一个东西是食物，还是不可食用的废物，决定两者区别的因素是能不能被食用它的机体消化、对之发挥功能。通过努力筛选出作为

94

弱点的生命中可消化的部分，也就是绕着生命那不可归约、不可击败、总在逃避被归约为序列生产展开的内核打圈圈，技术一方面通过模拟生命的无限性，重申了自己的无穷性，另一方面又再次强化了自己的核心原理。[28]

尽管技术做了这么多努力，世界的中心仍然有一个不能被消化的内核。某种不能被归约为绝对语言，本质上不适合序列生产的某物一直苟存，不是在边缘，而是在技术自身世界的中心。这个神秘的某物尽管不愿也不能获得那个世界的公民权，尽管永远被排除在合法在场者的目录之外，但它永远都在。它在生命本身的中心，它是如此神秘，以至于甚至叫它“某物”都会产生误导。它其实属于不可言说者的领域。但我们又一次超前了。这一次没有提前多少。下一章的难以捉摸的主角就是不可言说者。我们会用几页来探索技术创世论的边缘，它的各个系统的界限会勾勒出它的轮廓。随后，我们将进入另一种可能的实在体系。

95

上限与下限：隐蔽的自我与双重肯定

每一种形式都受到内在原理和外部约束的双重界定。本章

28 兹比格涅夫·赫贝特的诗歌《对一位天使的初步调查》以抒情的笔调描述了同样的“消化”过程。诗中描写了一位不可言说的天使，他刚来时还是“由万古之光组成的”，后来逐步被“审讯者”（说是翻译者也许会更好）转化为可以用语言把握和利用的东西，直到“天使干涩的喉咙塞满了黏糊糊的‘好’/ 这一刻是多么美好啊 / 他跪在地上 / 成为罪的化身 / 心里全是满足”（*Preliminary Investigation of an Angel*, in Z. Herbert, *The Collected Poems*, London: Atlantic Books, 2014）。

开头讨论创世论的流溢形式时就有过简短暗示，技术宇宙论总体形式的外形要到它与它之外的事物之间的关系中去寻找。技术流溢链中每一层都有界限，也就是“哈德”，而链条整体也有。技术内部架构的依据是自身原理的性质，它的外形则是由其具体的否定所界定的。既然技术的原理是通过将物绝对化归于普遍的序列语言，使其完全透明化，方便顺畅生产这一过程进行的，那么这些原理的外在界限就是围绕着悖论形式不可妥协的个例形成的。我们再过几页就会开始讨论另一种实在体系，魔法体系，它将悖论形式视为自身创世论的成就；但在技术体系这里，悖论恰恰代表着它不可逾越的限度。我们从各个方面都能发现围绕着技术体系的这种创世悖论，尤其是在技术体系的上限和下限中。

我们可以将作为技术流溢链上限的悖论形式，定义为“隐蔽的自我”。我们前面注意到了第一本体和第一原理绝对语言是如何排斥了一切即位性（situatedness）或外在阐明的概念；绝对语言将自己呈现为一种不用嘴说出的、不处于任何时间地点的语言。通过将存在于自身疆界之外的一切东西的可能性统统废除，绝对语言还希望否认自己源于任何自身以外的地方。然而，绝对语言的线性序列必然会陷入它想要避免的明显矛盾。怎么会有一门不说的语言？如果不是预先有人或者原理加以“赦免”（absolve），哪里来的绝对？我们又一次在一场神学争论的核心发现了类似的问题，经过必要的调整，我们可以在此采纳其中的精神和方法。十八世纪伊朗什叶派哲学家谢赫·艾哈迈德·艾哈萨伊（Shaykh Ahmed Ahsa’i）用特别尖锐的语言提

96

出了一个类似的问题。西方学界对他的研究很少，这里我要引用杰出学者亨利·科尔班对他的研究中的一段话：

> 谢赫·艾哈迈德·艾哈萨伊及其继承者严格遵循了什叶派否定神学的推论。在他们看来，哲学家常用的“绝对”存在观念甚至不是一个原生观念，因为“绝对”（absolute）是一个被动分词，它预设了 *absolvens*，也就是“赦免”，让存在脱离不定式（*esse*）和名词化分词（*ens*）而将其置于祈使语气（*esto*）之下，从而将其解放出来。[29]

为了发挥功能，绝对语言必须否定一切先在于它乃至仅仅外在于它的东西的可能性。然而，这种外在形象必须呈现出来，然后才会发生，才有可能。不管绝对语言多么肯定地自称来源于自我阐明，作为语言，它仍然必须要有一个非语言的来源，才能作为一种现象出现。而且作为绝对者，它还必须先被赦免。当然，技术创世的这两个方面是同时且同等成立的，尽管这其实是不可能的；绝对语言既是，同时又不能是阐明自身的来源。这个矛盾标志着流溢链的上限，它阻止物产生探寻第一本体根源的欲望，避免其深入绝对的原点，以至于成为它们自己的根基。

另一个同样无法解决的挑战在技术流溢链的最低点，在第五本体的南部边境，在技术耗尽了初始能量，接着跳回原点

29 H. Corbin, *History of Islamic Philosophy*, London and New York: Kegan Paul International, 1993, p. 354.

97

的地方等着它。在那里，我们发现位于生命中心的、不可言说的某物在顽强抵抗，而技术将抵抗凝结为问题化的可能性的形状，试图借此将其消解。尽管技术通过模仿来偏转、消解的尝试相当惊人，但这个神秘的“在场之外的在场”（presence-exceeding-presence）仍然存在。事实上，如果绝对语言衰退中的能量所遇到的障碍可以仅仅归约为在场的话，那绝对语言就有可能将障碍重新吸收到技术创世论中，并将其转化为与其他东西一样的本体论异变和勒索的对象。相反，这一障碍的在场既足够明显，让技术可以从中吸取可能性的各个方面，把“通过模仿来拖延”的游戏玩下去，同时又完全超越了在场，摆脱了技术创世之力捕获它的一切企图。我们在下一章中会看到，位于生命中心的、不可言说的障碍的特征，正是这一双重性，它既是形而上的（因此局部可以用语言来讨论），又是超形而上的（因此越出了语言，将被捕获的威胁统统化解）。我们可以尝试将其定义为双重肯定“是又是”来归纳它的矛盾性。第一个“是”代表它可以在场的层面，使其具有可能性，可以被纳入技术之内。第二个明显赘余且极其矛盾的“是”则暗示了它超形而上的超在场，这重性质是如此强烈，以至于脱离了在场，从而摆脱了追捕。接下来关于魔法的一章的结尾会更明白地讲到，这个“双重肯定”的定义借用自十二世纪波斯哲学家苏赫拉瓦迪提出的“双重否定”定义，他将其用来探讨如何界定神与神的属性之间的关系。

然而，这个似乎被推到了技术宇宙论最边缘的矛盾实体，对技术创世的发生和不断再生都是不可或缺的。尽管绝对语言原理想要消除一切自主在场的可能性，想要将每一个“物”变成仅仅是序列位点的激活个例，但它恰恰需要它否认的某物才能运转。不可言说的维度在我们通常理解的生命中具有突出地位，在我们通常不认为是生命的某物中也能找到（尽管下一章会讲到，在另一种实在体系的视角下，这些传统区分可以重新思考）。事实上，不可言说的维度正是存在的核心部分，甚至当存在被序列原理压扁为“在场”时也是如此，就像技术非实在体系下发生的那样。序列原理守护的宝藏同时也是能够消灭守护者的毒药。再一次地，这两个方面都呈现于技术创世论的图示中：存在中不可言说的维度必须被否定，但不可言说性必须继续发挥效力。如果序列原理真能完全消灭不可言说的存在，狂奔中的生产很快就会跑出开展生产的地基。序列原理通过拖延和模仿方式实现的脚步停顿，还需要可能性的牢固地基（以及因此摆脱了它的某物）才能继续自我再生。

这个不可言说的维度既超越了技术创世论，又必然为其提供了根基，它本身就可以视为另一种实在体系的第一原理。当然，如果我们恰恰选择了否定技术创世论的某物为第一原理，那么，这另一种宇宙论就会具有前面考察过的特征的镜像特征。不管这另一种实在体系好不好，镜像性本身就构成了深入探究它的充分理由，因为它绝佳地例示了如何构想出一个实在体系，当前极端虚幻的实在体系之外的另一个体系。事实上，下一章就会围绕不可言说原理——目前为止，我们只是从反面，将其作为绝对语言的天敌谈过它——讨论另一种形式的创世论。据此，下一章中的流溢链会是前面研究过的流溢链的镜像。然而，马上会登场的创世实验不应该纯粹视为一次哲学练习。正如技术内在架构的特点对我们身边的世界造成了严重后果，另一种实在体系也会对世界中的生命造成同样深远的影响。要追寻形而上虚无主义、精神疾病蔓延、超剥削、环境破坏的当代状况以外的另一种选择，我们首先且首要的工作就是从根本上反思让上述过程得以发生的实在条件。设想出一种当今我们世界的创世论以外的真切有力的创世论势所必然，而非哲学化的唯我主义。与任何紧迫必要的事情一样，它的边缘或许粗糙，它的性质太过先锋，但激发它的精神自会为它注入威力。至于最终结果能否达到预期，是否配得上作为其因由的紧迫性，那就交给读者去判断了。

99

结论

我们现在来到了本书第一部分的结尾。这一部分着重探究技术统治在历史和我们在世界中的日常经验上留下的记号（第一章），以及作为创世之力的技术的内部架构（第二章）。在进入接下来讲述另一种创世论——魔法创世论的章节之前，先对之前讨论的一些主要方面作简短回顾也许是值得的。

我们首先注意到技术统治当今世界的“症状”。与美国哲学家蒂莫西·莫顿描述的“超客体”[30]——我们只能看见它的踪迹，但永远不能窥见全貌——类似，技术这样的创世之力只有

30　T. Morton, *Hyperobjects: Philosophy and Ecology after the End of the World*, Minneapolis: University of Minnesota Press, 2013.

通过它在世界上留下的踪迹才能探测到，而世界之所以能够浮现，正是通过技术自身特殊的实在形式。就技术而言，我们已经看到，当代西方化世界典型的行动力与想象力瘫痪是如何指向了一种极端的非实在形式，而非任何实在本身的形式。形而上虚无主义的现状剥夺了一切物的本质和存在，使其变成仅仅是位点本体论中的个例，是指示着实在完全瓦解的信号——用本书开篇的隐喻来说，就是让演员能够在舞台上表演的背景板 100 塌了。当实在的框架拒绝再当框架，从而阻止存在者在其内作为一个“世界”浮现的时候，实在就开始解体了。第一章中我们不仅考察了这一解体的历史，也就是作为霸权创世之力的技术的胜利史，还考察了这个过程如何既夯实又扩张了自身的历史合理性。由此，我们对生产装置看似势不可挡的扩张——这一过程通常是社会经济分析与政治学分析的对象——提出了一种创世论的解读。这不是否认用社会学和经济学工具考察世界的重要性，而只是提出这样的工具应该用来自其他领域、通常更接近神学和神话学的工具加以补充。这段对技术历史留痕的初步讨论插入了来自当今世界的常见例子，以便把原本看似抽象晦涩的玄思讲得更明白。第二章则恰恰相反，探讨的内容是作为创世之力的技术的内部架构，其中没有回避晦涩的风险和表面的抽象。

本书开头和结尾会分别通过世界中能找到的例子来引入和离开本书给出的创世论分析，但中间的部分会聚焦于让特定类型的世界得以出现的创世大厦。于是，第二章通篇以实验性的方式运用了典型的新柏拉图主义概念和语言，服务于我们对技术创世之力构成元素及其过程的哲学重构——通过创造出特定的（非）实在形式，这些元素和过程进而定义了我们今天生活的这种世界。在考察的过程中，我们经常用创世大厦这一比喻作为形象化的辅助手段，让读者更好地跟上讨论的展开过程。不过，这也是在向本书回顾的哲学传统中经常使用的象征语言致敬，尤其是古典时代和文艺复兴时代的人通过所谓的“轨迹法”（method of loci）创造的“记忆宫殿”。[31] 一座建筑能达到的高度是由地基的承重能力决定的，同理，技术创世之力的大厦也是分成几个阶段依次建设的，直到初始原理的维系之力最终耗尽。然而，我们希望这样一条初始原理的提出不只是作为技术创世大厦展开的支撑，并且作为一种强大的规范要素，塑造和引导着所有依次展开的阶段或者说本体。于是，我们考察了绝对语言原理如何依次开启了四个本体，逐步实现基础指令，同时又不可避免地违背指令。整个技术创世大厦中似乎贯穿着两个平行的进程，就像拱顶下的尖形肋拱一样；一个是存在逐渐被序列原理霸占，另一个是任何企图反抗这一命运的某物都被驱逐出世界。这一存在者的湮灭呼应了先前对技术统治当代世界之后果的考察，第二章后半部分我们又引入了存在者的“疼痛”，这种疼痛是技术自身内在创世能量耗尽的基本症状。这个神秘的“某物”，作为对技术体制的痛苦反抗形式而出现，它同时指向我们讨论的开端及其在本书后半部分的继续。不管我们的存在经验看起来多么糟糕，这一技术统治的

101

31　弗朗西丝·叶芝在 1966 年的《记忆的艺术》一书中对此做了全面阐述——F. A. Yates, *The Art of Memory*, London: The Bodley Head, 2014。

基本症状也无声地指向着另一种创世论，它能够带来另一个实在体系，进而创造另一个世界。它就存在于当下，在技术自身创世论的核心处，尽管被伪装成了一种危险，那种我们应该逃离而非听从它的呼唤的危险。[32]

32 “哪里有废墟，哪里就有找到宝藏的希望 / 你为何不到荒芜的心中寻找神的宝藏呢？” Jalaluddin Rumi, in J. Rumi, *Diwan-i kabirya Kulliyat-I Shams* (7 vols.), edited by Badi’uz-Zaman Furuzanfar, Theran: Theran University, 1957, poem n. 141.

插曲

何为实在？

本书写作的基础是一个信念：当前的实在体系——我将其定义为“技术”——正在导致“实在”本身的毁灭，而且实在的消失会带来严重的后果。因此，本书后半部分将会探究另一种实在体系“魔法”，希望借此提出一条通往重建实在的可能路径。但这到底是什么意思？如果实在的毁灭真的正在发生，我们为什么应该尝试避免它？这里我们要更细致地考虑我们所能理解的“实在”，它为什么重要，重要在哪里，权当技术与魔法之间的“合页”。

我在第一章开头曾简短地提出，“实在”是“我们赋予这样一种状态的名称：本质（某物是*什么*）和存在（某物*存在*）两个维度在其中既密不可分，又没有合二为一”。现在让我们更具体地来讨论实在、存在、本质这些词语的意义。我们可以一上来就详尽罗列千百年来围绕这个语义三元组展开的连篇累牍、错综复杂的哲学讨论。但那会是一项大工程——而且远远超出了本书的研究范围。相反，也许更好的办法是直接进入本书对这些词的具体解读，而它们在哲学史上的讨论仅作旁例。

我们可以将“存在”和“本质”理解为两个极限概念，也就是一个连续体的对立两端。这条连续体可以用多种不同的方式定义：比如以不可言说和语言为两端，或者是直接领悟和理性范畴化，又或者是不可思维和可思维，再或者是不可测度的基体和具体界限的测度等。在上述每一对端点中，我们都可以把“存在”放到靠近前一个端点的位置，“本质”则靠近后一个。我之所以说存在和本质是极限概念，是因为两者趋向的绝对端点（比如，绝对不可言说或绝对语言）超出了准确概念化的可能范围，是概念只能指示的趋势。换言之，我们可以将存在定义为这样一个极限概念，它指向纯粹不可言说、不可测量、作为绝对坚实的“自在”（in itself-ness）（是本身，在归约为语义之前就存在的东西）的趋势，指向一切只能直接领悟的东西。反过来，我们可以将本质定义为这样一个极限概念，它指向纯粹语言、测量、由语境定义的在场（是什么，由它与其他存在者的区别所定义——就像字典中的单词一样）的趋势，指向一切只能通过理性范畴化来把握的东西。显而易见，存在和本质的上述定义带有一种明确经验偏见，因为它主要是出于个体对世界的体验这一视角。我们只有在生活经验的基础上才能指向不可言说与语言、直接领悟与理性范畴化等对立概念。事实上，这一偏见应当视为本书的关键组成部分。

要是把三元组的第三个概念“实在”加入进来，那就更明显了。如果认为存在和本质是指向一条连续体的相反方向的极限概念，那么我们可以将实在理解为两个极限概念之间延伸的空间。实在是存在与本质之间，也就是不可言说与语言、自在与语境中的在场、不可测的坚实基体与变动的测量表之间打开的空间。换言之，世界（我们是世界的一部分）是通过一个基本框架才浮现于我们的经验之前的，而存在与本质两个概念就是这个框架两侧的边界。两者之间浮现出的东西——“世界”本身，不考虑具体历史限定——就是最宽泛、最根本意义上的“实在”。实在是向我们在世界中的生命的存在经验所展现的空间，在纯粹的沉思与纯粹的活动之间摇摆，但永远不会真正达到任何一个极端。 105

在印度与西方之间

存在与本质的问题自古以来就是哲学神学争辩的论题——大概从公元前八世纪奥义书写成的时代一直延续到英美分析哲学的最新进展，虽然使用的词汇并不相同。对于这个议题，西方的主要思路一直围绕着纯粹的形而上学关切展开，也就是试图发现万物的“真理”——不管怎么理解“真理”这个概念。甚至当它进入明显的神学领域时（比如中世纪托马斯·阿奎那与邓斯·司各脱个同立场之间的争论），西方的探究路径依然在寻求“客观性”，希望尽可能净化哲学探究，以免被太人性的、存在性的框架所扭曲。这样的关注点甚至延续到了康德之后，因为人类对真理的特定经验虽然被赋予了新的核心地位，但仍然是基于底层的（超验）客观性主张。[1] 相反，印度哲

1　关于十九世纪以来客观性概念发展史的一份有趣综述，参见 L. Daston and P. Galison, *Objectivity*, New York: Zone Books, 2007。

学传统（包括印度教和佛教两大分支）中一般是伦理学占据首位，探讨脱离苦海这一主观性、存在性关切，而逻辑学和形而上学探究要从属于它。[2] 按照大部分印度哲学传统的理解，就连无明（*avidya*，又译“无知”）的负面含义以及形而上学状态，归根结底都源于个体的痛苦经验。概括地讲，我们可以说西方对本质、存在和实在的分析大体偏向“客观”真理的概念，真理被认为是个体存在经验的根基和本原，从伦理维度看也是这样——经验的根本合法性和指导方向被认为应该植根于“事实”。反过来，同样概括地讲，印度哲学中围绕这些概念的争论首先是源于人类个体的存在经验，尤其是受苦的经验。在这一基础——可以说是“主观”基础——上，印度传统一边走向以个体存在经验为根本存在理由和推动力的形而上学分析，一边又为了解脱而努力超越形而上学分析。

106

在这两条看似对立的路径中间，我们可以定位一条特殊的伊斯兰哲学线索，正如什叶派和苏菲派“神智学”（这里采用了亨利·科尔班的定义，以及他在这两个独立传统之间建立的联系）所例示的。在出生于安达卢西亚、生活于十二至十三世纪的苏菲派大师伊本·阿拉比，十二世纪伊朗“照明主义者”苏赫拉瓦迪，十三世纪土耳其哲学密契者切纳维（Al-Qunawi）[3] 或

---

2 这一具体解读大体上基于朱塞佩·图齐（Giuseppe Tucci）对印度哲学总体趋势的阐述。关于印度各哲学流派的比较分析，参见 G. Tucci, *La Filosofia Indiana*, Roma and Bari: Laterza, 2005。

3 与这里提到的其他思想家不同，本书接下来不会探讨切纳维的思想。关于他的现有英语文献太少，他的大部分著作也不容易找到英文版，实在可惜。关于切纳维思想的简要介绍，参见 R. Todd, *The Sufi Doctrine of Man: Sadr al-Din al-Qunawi's Metaphysical Anthropology*, Leiden: Brill Publishers, 2014。

十七世纪伊朗哲学家和神学家穆拉·萨德拉（Mulla Sadra）等思想家的作品中，我们发现希腊与印度两种哲学探究的态度得到了独特而成果丰硕的综合。这些思想家既立足于伊斯兰神学的坚实基础——因此认为神的存在和《古兰经》的经文是“客观”真理——又通过一套在客观与主观倾向、形而上学与救赎论之间的复杂平衡手段，而发展出了自己的探索路径。在他们以及许多其他什叶派和苏菲派思想家的作品中，对存在的关切和对客观真理的求索似乎是携手前行的，一会借用各个教义（*Kalam*）[4] 学派发展出的严格哲学逻辑传统，一会又运用自身的直接神秘体验和远远超出伊斯兰世界之边界的各大神秘主义传统。这种独特态度的一个早期例子——尽管他既非什叶派，也非苏菲派——是十一世纪伊朗哲学家伊本·西那的“浮空人论证”，若是将其与后来西方的类似论证，笛卡尔的“我思故我在”相比的话，那就更显独特。按照伊本·西那的论证，如果我们将一个人的所有感官知觉和习得知识除去，这个人仍然能够直接领悟自己的存在。因此，纯粹形式的存在本身是知识的主要客体，同时越出了经验与观念知识的边界。还有一点很重要，存在是知识的原初客体，也是知识的真正主体：我在故我思。浮空人对自身存在的不可言说的直接体验（不妨说是一个超越事实性的事实）接下去并没有否认理性认识的可能性：恰恰相反，它的本意是巩固和补足理性认识。直接领悟是有的，

107

4　全称为 *Ilm al-Kalam*，字面意义是“辩论之学”，一般指的是带有“经院”风格的伊斯兰神学研究：教义学者（*Mutakallimun*）要通过高度辩证的手段为伊斯兰教教义辩护。千百年来形成了多个教义学派，尤其是“极端理性主义”的穆尔太齐赖派（*Mu'tazilah*）和温和“理性主义”的艾什尔里派（*Ash'ariyah*）。

经验知识和理性知识也是有的，正如存在与本质这一组双名。毕竟，最早清晰阐述存在与本质两个概念之区分的人正是伊本·西那。

上面提到的这条伊斯兰哲学线索被普遍称为伊斯兰思想的“隐微”（esoteric）一脉。一种被定义为“隐微”的哲学视角不仅承载了某些一般特性，还被认为隐含地属于一个广义的“隐微传统”。事实上，客观方法与主观框架的结合在不同地域的其他哲学流派中同样强劲。与伊斯兰教的隐微一脉一样，这种结合在赫尔墨斯的炼金术传统中也扮演着核心的角色。卡尔·古斯塔夫·荣格（Carl Gustav Jung）从理论上阐述了赫尔墨斯炼金术传统相对于西方追求纯粹客观性的典型进路的特殊性。当然，他是在自己的设定下展开阐述的，认为不可言说的领域本质上属于心理，而我们之前将这个领域描述为极限概念“存在”。尽管本书中阐发的形而上学进路与荣格的进路有一项核心 108 区别——我们所说的存在 / 不可言说，他视为最深层心理领域的功能——但他的论述依然揭示了隐微路径的特异之处。

> 科学态度追求在精细实证研究的基础上，用她自己的语言来解释自然，秘传哲学（Hermetic philosophy）的目标则是一种将心灵（psyche）纳入对自然的整体叙述的解释。实证学者试图忘掉原型的解释原理——有的比较成功，有的不太成功——也就是对认知过程不可或缺的心灵预设，或者试图为了“科学客观性”压抑这些原理。秘传哲人则将这些心理预设，这些原型视为实证世界图景中不

> 可分割的组成部分。他还没有完全被客体主宰，以至于无视那些他真切感受到的以永恒理念形式呈现的心灵预设。实证的唯名论者则已经具有了现代人对待心灵的态度，也就是作为“主观”之物，心灵必须被消除，心灵的内容不过是后天形成的观念，只是声息（*flatus vocis*）。他希望描绘出一幅完全独立于观察者的世界图景。现代物理学发现表明，这种希望只有部分实现了：观察者终究是不能消除的，这意味着心灵预设仍然发挥着作用。[5]

按照我们对“实在”的定义，本书下半部分将借用一批来自隐微传统的方法论元素，尤其是伊斯兰哲学的隐微传统。事实上，这是因为这一传统既能融合西方与印度哲学的根本倾向，又开创出了原生的独特立场。[6] 我们对什叶派和苏菲派哲学态度的偏爱也可以从隐喻角度来解释，还是用存在、本质和实在这三个概念。尽管有宽泛失当的危险，但为了以一种能激发人兴趣的简化方式说明本书中讨论的各条路径，我们可以这样来概括：西方整体上明显偏向“本质”（当然也有一些专门被贴上“存在主义”标签的例外），印度整体上偏向“存在”（同样有一些显著的例外）。什叶派和苏菲派传统则在两者之间，总体朝向

109

5　C. G. Jung, *The Philosophical Tree*, in *The Collected Works*, vol. XIII, Princeton, NJ: Princeton University Press, 1983, pp. 288–9。

6　关于希腊哲学对伊斯兰哲学影响的论述已经很多了。关于印度哲学可能对伊斯兰隐微主义发挥的影响，特别参见 R. C. Zaehner, *Hindu and Muslim Mysticism*, London: Oneworld, 1995。

我们前面定义为"实在"的综合。[7] 正是考虑到这一点，我们才在探寻定义一条重建实在的可能道路时借用了这一传统——以及炼金术赫尔墨斯传统。

为何要探寻实在?

现在，我们应该明白两件事之间的重要关联了，一件是实在的可能性，一件是存在（朝向不可言说）和本质（朝向绝对语言）这两个极限概念的共存。但为什么要重建实在呢？这一点还不清楚。实在到底有什么好？失去实在会有什么后果？还有，实在怎么可能失去呢？

110

让我们回到第一章中对这个问题的初步讨论。在那里，我们发现：

> 随着本质与存在不同形式的交替，以及本质与存在的关系在时间中的变迁，我们看到实在也接连经历了不同的形式。但只要本质压过了存在，或存在压过了本质，或者其中之一否定了另一者的合法性，或者切断了两者之间的关联，或者更糟，两者一齐消散了，那么实在本身事实上

7 综合东西方哲学神学思想的观念是所谓的"长青哲学"（Perennial Philosophy）中反复出现的一重张力——例如可参见阿南达·库玛拉斯瓦米（Ananda Coomaraswamy），*Christian and Oriental Philosophy of Art*, New York, NY: Dover, 2011。隐微伊斯兰思想推动上述综合前进的一个特别尖锐的例子是 A. Ventura, *L'Esoterismo Islamico*, Milano: Adelphi, 2017，书中还归纳了勒内·盖农对伊斯兰教在普遍灵知中扮演的角色的理解。另一位"长青主义者"在同一方向上的尝试参见 F. Schuon, *Understanding Islam*, Bloomington, IN: World Wisdom, 2011。

> 也就消散了。实在是由本质与存在织成的经纬网，拆解实在需要一名有能力重新将两者勾连的织工（对德马蒂诺来说是“魔法师”），无论两者各自的具体形态和色彩为何。

我们将实在定义为由存在和本质两个对立的极限概念打开来、框起来的空间，在此基础上，我们就能理解实在的消失了。我们前面考察技术时就发现，当前的实在体系及其宇宙论结构正在通过消灭存在（否认位于语言范畴化之外的、不可言说的存在原理本身）和本质膨胀（膨胀到极限，尽可能与绝对语言原理本身重合）迈向实在的解体。曾经位于存在与本质的模糊边界之间的段落——也就是实在本身——现在被缩小成了一个点，完全与纯粹本质重合，同时完全没有存在。框架垮掉了，实在也随之消失。

此外，从崇高的人文主义、存在主义立场出发，实在解体会带来重要而剧烈的后果。我们已经看到，技术宇宙论让人的行动和想象陷入了瘫痪：一种持续而严重的存在焦虑的状况，让每一个存在者在存在时都以为自己是非法的冒牌货。存在的毁灭，存在的空间（根据绝对语言的创世意愿）被压缩成一个非空间的、几乎纯粹属于本质的点，这意味着世界和我们在世界中的经验、我们对世界的经验都受到了严重的摧残。然而，这种摧残是一种延续数代之久的诅咒，而且在存在和形而上层面受到摧残的东西——由于其自身的性质——又会对周遭事物再度施加同样的摧残。我们之前讨论技术宇宙论时已经看到了这条暴力归约和剥削的螺旋曲线：抽象一般实体本身是摧残

111

的产物，而作为处理器，它又必然会持续对周遭事物施加同样的摧残。

反过来讲，为了重新打开实在的空间，一个存在者在世界中得到发展并与世界一同繁荣的空间，必不可少的第一步就是恢复存在（朝向不可言说一端）和本质（朝向语言一端）这两个并立的极限概念。接下来的两章将努力勾勒出一条通往这个目标的可能行动方向，我们将其定义为魔法实在体系的宇宙大厦。

第三章

造魔界

词语定义

乍看上去，选择用“魔法”来定义一个人的整体哲学主张无疑是个愚蠢的主意。今天，任何被冠以“魔法”之名的东西都带着一股廉价感，让人想起电视剧和香水广告中对这个词的误用，或者某些青少年亚文化中娱乐性的、含混的巫术观念。尽管如此，“魔法”一词中还是有一些重要的元素，或许是其他任何词语都不能以这样引人入胜的方式传达出来的。我希望将其作为技术的一种可能替代物提出，但在开始探究这一实在体系之前，我们首先要更仔细地考察一下定义了这个体系的词语。“魔法”在本书语境中代表什么？它在这里有什么不同于通常理解的含义？

在整个西方历史中，魔法一直是大多数占据霸权地位的文化形式——从哲学到神学，再到现代科学——的沉默的影子。然而，任何详尽记述魔法历史的企图都必然失败。一部分原因是魔法不承认“历史”是自己的时间范畴[1]，一部分原因是这门

1 参见 A. Coomaraswamy, *Time and Eternity*, New Delhi: Munshiram Manoharlal, 2014。该书对历史和时间性这两个常见概念进行了批判考察，其视角与本书采用的视角有很大的关联。

114 实践知识总是将自己隐藏在神秘和秘密的面纱中——既是因为自身领域的特殊性，也是因为魔法在社会内部的边缘地位。无怪乎千百年来西方对魔法的主流认知充斥着严重的误差，有时不仅史实遭到完全扭曲，而且魔法事业的意义和精神也被完全误解。在当代的常见表现形式——以电影和文学最为突出——中，魔法不过是一套炫人耳目的技能，相当于技术领域中尚未发现的科学进展。于是，魔法仅仅被视为将世界作为备用材料仓库来开发的另一种方式，它或许更有异域风情，是魔法师通过个人力量施展的。本书接下来的两章会说明，这种魔法观与古典时代晚期标志性的通神术实践（theurgy），以及从古典时代晚期直到文艺复兴末的广义上的“真魔法”传统恰好背道而驰。[2] 一个时代主流的魔法观是时代自身的影子；中世纪的“黑魔法”常常被呈现为当时盛行的正统基督教神学形式的魔鬼版，而今天的魔法则被视为当下主流的技术科学形式的幻术版。事实上，从最早被定义开始，魔法就注定被理解为社会对自身的认知和称呼的影子，不管是哪一个社会。

“魔法”的词源本身就指向一种“他者性”形式，纯粹是作为已知熟悉事物的反面构建出来的。它现在的含义首次出现在希腊语单词 *Magike Techne* 中，指的是波斯麦琪贤者（Magi）的术法（*techne*）。希罗多德在《历史》中说[3]，“麦琪”一词最初是六个米底人部落之一的名字，后来指称波斯帝国全境中琐

2　关于对文艺复兴时期特殊的“魔法”概念的有趣介绍，以及对相关（英美）主要学术研究的综述，参见 J. S. Mebane, *Renaissance Magic and the Return of the Golden Age*, Lincoln: University of Nebraska Press, 1992。

3　参见 Herodotus, *The Histories*, London: Penguin, 2003, pp. 48–9。

115

罗亚斯德教祭司阶层的成员。比亚历山大大帝之前的希腊人与麦琪时代信奉琐罗亚斯德教的波斯人这一对冤家更有名的敌对关系大概是很少的。波斯人之于古希腊人，确实是困扰着他们的阴影，甚至比蛮族之于罗马更甚。而且如果我们考虑到在非现代社会中，宗教仪轨融合了一个社会群体应对世界的特定方式——承载了他们的文化认同，那就能理解为什么麦琪在希腊人眼中体现了波斯人最为特殊的品性。对希腊人来说，麦琪代表着“影子般的他者性”，那就是波斯人及其力量的本质。但与此同时，波斯人的他者性只能从其与希腊人自身认同的相对他异性出发才能理解。“麦琪之术”的字面含义就是希腊人自身的影子的术法，也就是影子自身的术法。从这个词最早被使用的时候起，魔法在那些认为自己处于魔法之外的人眼中，就是某种相对物的体现；我们对“我们”的力量、“我们”应对事物和世界的“正常”方式有某种认同，而魔法只能以与之相关的方式得到定义。

本书提出的魔法观与这种从希罗多德时代延续至今的构想恰好相反。本书谈起魔法时指的并不是一种统治当代的技术体制在阴暗异域中的等同物。事实上，我们指的是一种技术实在体系的根本性替代品：源于另一种创世力量的另一种宇宙论。一种不同的实在，基于一种不同的形而上基础——尽管仍然遵循形而上学和创世论的规则。技术的镜面反像，而非技术的影子。话虽如此，本书仍然带有通行魔法观的一个方面的色彩。对一个时代中占据霸权地位的人群来说，魔法总是令他们不安的东西。甚至在我们的创世试验中，对那些珍视源自技术原理的宇宙论的人来说，提出一个基于魔法的实在体系也意味着提出一个令人困扰的提议（如果不是完全荒谬的话）。令人困扰的他者性一直是人们对“魔法”的常见理解的一大特征，在这个意义上，它与我们对魔法的解读——一项创世计划的名称——也是相关的。

然而，魔法对于技术不只是根本上的他异性。从某个视角出发，魔法也可以被认为是一剂解药，疗愈技术对世界——世界本是它照自己的肖像建立的——的残暴统治。当我们开始考察技术时，最早关注的是我们当下行动力和想象力的瘫痪，以及实在意识的危机。为了解释这种状况，我们借用了德马蒂诺的话语，他将这场危机定义为一种万物彼此转换、虚无由此浮现的处境。但我们先前引用德马蒂诺时没有提到他原本给实在危机下定义的原始语境。对德马蒂诺来说，实在的瓦解，尤其是个体及其世界的在场的瓦解是一种反复出现的“危机”（crisis）状态，从词源来看就是一种要求立即决断（*krisis*，出自希腊语单词 *krinein*，意为决断）和干预的时刻。德马蒂诺的结论是，魔法的本质恰恰在于这种干预的形式，目标是恢复个体及其世界都可以重新在场的状况，从而让两者可以延续活跃而富有想象力的共生关系。

116

> 在某些情况下，[个体] 在场失去了边界，以至于本身变成了世界的回响，也就是被附身，被不受控的冲动所折磨。对在场来说，有一种“场外”是危险的，那是形成中的边界崩塌的痛苦过程：相应地，世界也进入了连续的边界危机，不断迈入这种痛苦的“世外”。达到顶峰时，这种

> 状况意味着［个体］现身与世界之间的所有关系都变成了危险的来源、边界的丧失……类似于令精神分裂症患者呆若木鸡、紧绷麻木的那种状况……魔法试图从这一边缘的顶点退下来，同时坚决对抗这一解体过程。魔法设立了一套能够标示和抗击这种危险的制度……以便尽可能将在场赎回。多亏这种文化的影响和这些制度的创立，每个人经历的存在悲剧才不再孤立，不再悬而未决，而是进入了一种传统，能够将传统保存传承下来的经验化为己用。[4]

萨满或魔法师使用魔法力量的首要目的是克服这种危机状态。他们一边追溯问题症状的起因，一边努力提供另一种立即奏效的东西，来替代造成了这些症状的实在状况。换句话说，魔法师可以理解为存在治疗师[5]，不仅医治一个人疾病的症状，更要医治让疾病状态得以发生的实在状况。类似于德马蒂诺的阐释，本书下半部分要提出的魔法不仅是技术的替代物，更是明确作为一套创世体系，它能够医治技术将当代个体、个体的世界、个体对宜居实在的要求统统泯灭的状况。我们接下来会 117

4　E. de Martino, *Il Mondo Magico* (1948), Torino: Bollati Boringhieri, 2010, p. 165. 我译自意大利文原版。

5　具体到亚马孙丛林中的萨满巫师，爱德华多·维韦罗斯·德·卡斯特罗（Eduardo Viveiros de Castro）对其“实在治疗师”功能的分析颇有趣味，同时也涉及人与非人的关系。“亚马孙萨满能够将其他物种看待为人，就像其他物种看待自己一样，就此而论，他们在一个多种社会—自然利益方被迫彼此对抗的战场中扮演着宇宙政治层面的外交官的角色。在这个意义上，萨满的功能与战士并非全然不同。两者都是视角的‘沟通者’或者说导体，前者是在物种之间工作，后者是在人或者社会之间……经常有人说，亚马孙萨满是战争通过其他方式的延续。但这与暴力无关，只与沟通有关，一种不可沟通者之间的交叉沟通，一种危险而微妙的视角比较，其中人的地位总是处于不确定的状态。”参见E. V. de Castro, *Cannibal Metaphysics*, Minneapolis, MN: Univocal, 2014, p. 151。

看到，魔法的第一原理可以追溯到我们在技术流溢链末端发现的痛苦，而这种痛苦又被魔法认为是自身创世开端的征兆。

在这个意义上，魔法——作为我们的创世实验中实在大厦的名称——具有了这个词的主流认知中的另一个典型要素。按照常见的含义，魔法与那些属于神秘和无形范畴的力量领域有关。表面看来，我们可以仅仅将这一关联解读为比喻，比喻的是在同一砧板上塑造出来的相对“黑暗”的他者性：就像哈利·波特世界中那些神秘无形的力量，是科学实验室中微观世界力量的灵异对应物。但事实上，本书所提出的“魔法”一词的含义并没有漏掉这一神秘无形的要素。前面已经讲过，技术创世活动的要义在于，让一个物的合法存在与否完全取决于它能否被序列体系和绝对语言探测和分类——直到物被溶解为分类本身。相反，魔法创世进程恰恰来源于永远不能被归约为任何语言性分类的存在维度。在技术的视角下，我们将这一维度认定为因反抗湮灭而产生痛苦症状的“某物”。而在魔法的视角下，我们会将它定义为不可言说者的维度。

118

我们将魔法作为一个源于不可言说者的创世体系提了出来，于是直接进入了一条源远流长的魔法思维与实践的传统中，一直延伸到古典时代之前的迷雾里。尽管有几种魔法形式（比如卡巴拉［Kabbalah］）将“词语”作为实践活动和一般创世论的首要对象，但我们不应该假设它们对“词语”的理解与当代通行的认识重合。在我们这样一个由总体语言原理统治的时代，任何语义符号都仅仅指代序列中的位点。它们的功能是托喻式的（allegorical），因为它们被认为能够准确完全地传达所意指的对象——而所意指的对象最终又与位点本身重合。这种托喻式的穷尽与精确正是技术宇宙论的一个基本方面，而且自现代以来已经渗入了我们的日常经验——或者用科学哲学家亚历山大·科瓦雷（Alexandre Koyré）的话说[6]：是自“差不多”的世界变成了“准确”的宇宙。相反，魔法的语言是象征性的，象征代表着绝不试图完全传达和穷尽它所意指的对象。正如亨利·科尔班指出：

> 每一个托喻式解读都是无害的；托喻是已知或可知的某物的外套，或毋宁是伪装。而一个象征性的图像的表象是一种原发现象（Urphanomen），是无条件和不可归约的，是某种只能如此显现于我们所在的世界中的表象。[7]

119

我们很快就会更深入地考察托喻与象征两种语言概念之间的区别，尤其是通过歌德对两者的区分。现在则仅限于观察象征意义上的“词语”何以相容于魔法对存在不可言说之维的强调。这种将词语理解为象征、将魔法理解为应对不可言说者的理论与实践的观念，几乎遍布于我们所说的“真魔法”——按照马尔西利奥·斐契诺（Marsilio Ficino）的区分——在地中海世界内外的每一个个例。我们可以发现它是一条没有中断的传

---

6 参见 A. Koyré, *Etudes sur l'histoire de la pensée philosophique en Russie*, J. Vrin, 1950——尤其是意大利文节选单行本，A. Koyré, *Dal mondo del pressappoco all'universo della precisione*, Torino: Einaudi, 2000。

7 H. Corbin, *Mundus Imaginalis or The Imaginary and the Imaginal*, Ipswich: Golgonooza Press, 1976, p. 10。

统，从埃及古王国时期的宗教到希腊的俄耳甫斯教和毕达哥拉斯主义，到拉蒙·柳利（Ramon Lull）和他那个时代的伊斯兰和希伯来炼金术士，到意大利文艺复兴时期的新柏拉图主义团体，一直到帕维尔·弗洛伦斯基（Pavel Florensky）、勒内·盖农（又名 Abd al-Wāḥid Yaḥyá）和埃莱米尔·左拉（Elemire Zolla）等更晚近的魔法理论思想家。[8] 接下来的两章中会多次明确提到这一传统，但本书余下的部分无意对前人关于魔法的理论和著作做学术梳理。后续的关注点其本质是实验性的，其目的是现实性的。通过提出一座不按照技术的形制，而按照魔法的形制来建造的宇宙大厦，我们要表明的是：构想出不同于当下的非实在体系——今天我们将它的形而上虚无主义称作“我们的世界”——的实在体系何以可能（如果不是及时乃至必要的话）。

120

我们对魔法创世结构机制的考察思路与前一章讨论技术时类似。魔法的内部结构将被分成五个本体层次，分别代表魔法创世论的一条原理和魔法宇宙论（也就是已经实现的魔法实在体系）的一个维度。首先是第一原理“作为生命的不可言说者”，之后依次是第二本体“人”、第三本体“象征”和第四本体“意义”，最后是第五本体“悖论”。到了这里，第一原理的原动力被耗尽了，或者说——我们接下来会看到——被消解和重启了。与技术一样，每个本体层次都会配上一个原型化身，

8　本书后面会讲到弗洛伦斯基和盖农，但深入探究埃莱米尔·左拉的思想不在本书范围之内。然而，他的著作对每一位有兴趣了解魔法哲学与美学的人来说都有很高的参考价值，尤其是 E. Zolla, *Che Cos'e' la Tradizione*, Milano: Adelphi, 2011 和 E. Zolla, *Uscite dal Mondo*, Venezia: Marsilio, 2012。

所以，第一本体的原型化身是“奇迹”，第二本体是“阿波罗与伊玛目”，第三本体是“神话主题”，第四本体是“中心”，第五本体是“自我”。如正文前面的配图所示，魔法与技术的各个本体是精确的镜面反像关系。塑造和界定了魔法创世大厦的上限与下限也与技术创世大厦的上限与下限成镜像关系，这从定义中就一目了然：“双重否定”是技术的“双重肯定”的反面，“隐蔽的神”是技术的“隐蔽的自我”的反面。

第一本体：作为生命的不可言说者

在构成技术宇宙大厦的流溢链末端，我们遇到了“某物”，它是绝对语言原理展开的障碍。如我们所见，这个“某物”顽强地拒绝被翻译成任何语法测量的形式，或者被归约为生产序列链条上的工具。[9] 我们看到技术使出了一招杂技演员般的扭转动作——我们将其定义为“仿解”——试图将“某物”转化为更新自身创世进程的机会，从而绕过这个障碍。与卡尔·施密特（Carl Schmitt）敌我政治观中的“敌人”一样[10]，这个不可归约的障碍被技术作为对立的“他者”所吸纳，含蓄地证成着技术体制及其对世界发动的无止境战争。 121

9 “名称越走越远，/ 变得苍白，/ 惨白的虚无 / 我看着你，/ 雪白的空洞 / 现在。” Francesco Scarabicchi, *Congedo* (Farewell), in F. Scarabicchi, *Il Prato Bianco*, Torino: Einaudi, 2017, p. 42.

10 特别参见他对“敌我”的区分及其在建构政治场域中扮演的角色的分析，见 C. Schmitt, *The Concept of the Political*, Chicago: The University of Chicago Press, 2007, pp. 26–43。

在另一种实在体系“魔法”的语境中，我们再次遇到了这个“某物”—— 尽管这次是在新的光照下从一个完全不同的角度去审视它。这里它不再是边角残余或替罪羊，而是突然拔高到了整个魔法实在体系第一原理—— 以及第一本体—— 的位置。如此一来，技术的顽固障碍现在就应该起一个正面的新名字—— 一个能表现出其生产性的名字。但由于这里涉及的是“物外之物”，所以就连这项看似基础的任务都困难万分。作为一切语言翻译的尝试都无法破除的残余，这个“物”也不能被任何定义形式把握其本质。如果我们仍然希望以某种方式定义它的话，那就只能从反面定义，同时铭记任何定义都是不充分的，哪怕是反面定义。我们只能给它起名叫“不可言说者”——不能被任何形式的语言所把握的东西。然而，这个谦虚的反面定义不应该让我们以为，不可言说者的唯一生产性就在于否定。尽管不可言说者无法作为一颗整齐的螺丝钉加入绝对语言这架大机器，但作为另一种实在体系“魔法”的流溢核心，它仍然能够发挥建设性的作用。

在考察生产维度—— 也就是作为流溢出一条全新创世链条的第一原理—— 之前，我们要先来观察不可言说者自身。实际上，这一探究不可能对其目标给出穷尽的描述和分类。但即便有这样的局限，我们还是能够设法靠近不可言说者“本身”，方法是走向它在我们世界中的位置。制图者看不到的东西或许会向旅行者显现。通往不可言说者的道路是一条边走边问的路途，具有典型的哲学特征。尽管这不会只是普遍抽象的探问。因为我们在整个实在体系依之而建的地基处，所以会从最基本的层

122

面探讨问题。在这里，在这项最具哲学性的任务中，我们首先可以向一份通常会被认为属于宗教乃至神话的文本求助：最古老的吠陀奥义书之一，《歌者奥义书》(*Chandogya Upanishad*)中讲述的因陀罗随生主修习的故事。

> 生主说："……一旦发现它（真实），认识它，就能获得一切世界，实现一切愿望。"
>
> 天神和阿修罗双方都知道了这一点。他们都说："我们要寻找这个自我。找到了它，就能获得一切世界，实现一切愿望。"于是，天神中的因陀罗和阿修罗中的维罗遮那出发。他俩不约而同，手持柴薪，来到生主身边。
>
> 他俩过了三十二年梵行者的生活。然后，生主询问他俩："你俩住在这里，想要得到什么？"*

故事就这样开始了，度过了漫长的一百零一年，期间老师生主多次向因陀罗给出了关于"真我"(*atman*)——它是人真正的自我，是获得"一切世界"的钥匙——本性的虚假答案。一开始，生主欺骗因陀罗，想要他相信他真正的自我是"在水中和镜中看到的这个"，也就是肉体。之后在因陀罗的不断追问下，生主给出了其他虚假的"真我"定义，说"它在梦中愉快地活动"，后来又说它是一个人"进入熟睡，彻底平静，不做梦" *123*

* 译文出自《奥义书·歌者奥义书》第八章第七节一至三段，黄宝生译，商务印书馆。——译注

的状态。最后，距离因陀罗第一次试图学到“真我”的真正本性已经过去了一百年后，生主终于同意给出终极的真实答案。

> 正是这个自我确定：“让我嗅这个吧！”从而鼻子嗅这个。正是这个自我确定：“让我说这个吧！”从而语言说这个。正是这个自我确定：“让我听这个吧！”从而耳朵听这个。正是这个自我确定：“让我想想这个吧！”思想是他的天眼。凭借思想这个天眼，他在梵界娱乐，看到这些欢乐。*

千百年来，人们对《奥义书》中的这一段有过许多评论——我们绝不能忘记一点，原文出自公元前八世纪至前六世纪之间。在不过分深入这篇故事的不同解读的情况下，我们可以不惮浅薄地认为“真我”以某种方式“位于”一切依赖于身体、感官、语言乃至理性维度的个人主体性形式之后。“真我”——一个人真正所是，真正存在于自身的那个内核——立于一切客体化的可能性之前。当我称呼自己是“我”时，做出称呼的不是“我”，而是“我”之前的某物。如果我想到了自己，那么做出想的不是我的思想，而是在我的思想之前——同时也在它之后，在它之外——的某物。这个某物就是“真我”，既是最大的奥秘，也是最显然的实在。按照生主和许多印度教

---

* 译文出自《奥义书·歌者奥义书》第八章第十二节四至五段，黄宝生译，商务印书馆。——译注

哲学宗教派别的看法，这就是你真正的自我。[11]

于是，我们在自身个体存在中找到了一个不可言说的内核；一个无法探知却强有力的“物外之物”，它是我们生命中每一个方面的终极活力源。但我们应该将不可言说者的定位限制在个体自我领域吗？看看这个世界，我们可以试着踏上一条类似于因陀罗壮举的追问之路。某物、一切物的核心是什么？是它的名字，它的性质，还是它的肉体？如果我们剥除掉一个物的所有可剥除的方面，那就又达到了不可言说的状态。这就好像我们可以在存在物的核心探测到——尽管只是通过直觉，因为词语终究无法做到——不可言说的某个东西，其职责就是“是那个物”；它是一切和所有名称的容器，本身则在名称之前。这就好像每一个存在物的核心处都有某种“真我”，它不能被我们的感官和理性探知，却能从反面探知，顺着每一个本体论定义的缝隙不断追问而得知。存在不能被归约为存在的任何一个维度，甚至不能归约为这些维度的总和——但不知怎的，存在物依然存在！存在所显示的奥秘昭昭如炫目之光，闪耀在每一个存在物之内。

124

印度神学与哲学中独有一脉名为吠檀多不二论（Advaita Vedanta）[12]，它将“真我”（一个人的终极存在）等同于“梵”（整个世界的终极存在的维度）。按照八至九世纪哲学家与神学

11　关于印度哲学中的自我概念，尤其是因陀罗师从生主故事的含义，参见 J. Ganeri, *The Concealed Art of the Soul: Theories Of The Self And Practices Of Truth In Indian Ethics And Epistemology*, Oxford: Oxford University Press, 2013, pp. 13–38。

12　关于吠檀多不二论哲学的概述，参见 A. Rambachan, *The Advaita Worldview: God, World, and Humanity*, Albany, NY: SUNY, 2006。

家商羯罗一脉思想家的看法[13]，我们其实不能说任何物真正存在，除非我们指的是“梵我”这个二元项，梵与我实际上应该理解为一个不可分的整体。对商羯罗及其追随者来说，真正存在的只有梵我，而个体存在——不管物质或非物质——的表象都是由无明（*avidya*）造成的泡影（*maya*）。这一终极实在是完全不能用语言定义的，同时又是维系着一切显现的存在物的必要实体，包括语言场域内的存在。因此，不二论派在存在物的核心处发现了一个不可言说的维度，以至于否认除了不可言说者以外的其他所有存在形式。

125

但我们如果遵循吠檀多不二论的严格一元论，创造新实在体系的尝试就会遇到严重困难。我们最初给实在的定义是：由存在和本质交织而成，让世界得以浮现的背景。在此基础上，这种绝对一元论根本不会容许这样的实在发生。如果存在被纯粹归约为其不可言说的维度，而语言维度内的一切都是泡影和无明，最后结果又将是实在背景倒塌在了世界舞台上。严格一元论图景所提出的无缝笼罩一切的独一存在，是技术体系造成的湮灭虚无的相仿反面。在这两种情况下，实在所需的空间——本质与存在要有距离和差别，不管多么微小——都付之阙如。因此，我们必须寻找另一个更温和的图景，以便能够阐明我们提出的另

13 R. Guenon, *Man and His Becoming According to the Vedanta*, Hillsdale, NY: Sophia Perennis, 2004 对吠檀多派理论给出了无与伦比的“长青哲学式”阐述。关于商羯罗哲学宗教观更具学术性的讨论，参见 N. Isayeva, *Shankara and Indian Philosophy*, Albany, NY: SUNY, 1992 和 J. G. Suthren-Hirst, *Samkara's Advaita Vedanta: A Way of Teaching*, London: Routledge, 2005。关于商羯罗和埃克哈特大师形而上学的精彩比较分析，参见 R. Otto, *Mysticism East and West: A Comparative Analysis of the Nature of Mysticism*, translated by B. L. Bracey and R. C. Payne, Eugene, OR: Wipf and Stock, 2016。

一种、由第一原理不可言说者生发出来的实在体系。

为了这个目标，我们要保留吠檀多进路的部分关键直觉，同时向西边继续探索。在地理上，这意味着从希腊世界极东边界以外去往极西边缘：从商羯罗的九世纪印度去伊本·阿拉比的十二、十三世纪的安达卢西亚——苏菲派大哲伊本·阿拉比是冠绝欧洲哲学传统最敏锐的形而上学思想家之一。从印度转向伊斯兰教时期的安达卢西亚应当不会令人太过意外。某种程度上，这是一场长达数个世纪的运动，类似于柏拉图在《蒂迈欧篇》（当时的埃及之于希腊，相当于印度之于后古典时代的西方[14]）中的尝试，或阿维森纳、苏赫拉瓦迪各自所做的“东方哲学”阐述，又或穆拉·萨德拉对不同哲学传统所做的综合。正如近几十年来日本哲学家、宗教史家井筒俊彦（Toshihiko Izutsu）[15]和长青主义传统下的思想家们[16]主张的，我们有可能追

126

14　希腊人对古代埃及神秘智慧的着迷是贯穿于古希腊文学与文化的一个循环主题。西西里的狄奥多罗斯（Diodorus Siculus）的《历史丛书》第一卷的上半部分中对埃及宇宙论与创世论的阐述就是一个很好的例子（参见 D. Siculus, *Library of History*, vol. 1, Cambridge, MA: Harvard University Press, 1989）。（新）毕达哥拉斯主义和（新）柏拉图主义思想家和作者就更是如此了——在这个意义上，杨布里科斯的《论奥秘》一书就是一个典型例子（参见 Iamblichus, *On the Mysteries*, Atlanta, GE: Society of Biblical Literature, 2003）。

15　T. Izutsu, *Sufism and Taoism*, Berkeley and Los Angeles, CA: University of California Press, 2016, pp. 1–2.

16　尤以长青主义“传统派”思想家为甚，比如勒内·盖农、阿南达·库玛拉斯瓦米（Ananda Coomaraswamy）、弗里肖夫·舒昂（Frithjof Schuon）和近年来的阿尔贝托·文图拉（Alberto Ventura）等人。库玛拉斯瓦米《印度教与佛教》一书的“作者注”就是这一思路的范例：“我们已经引述了一些柏拉图主义和基督教方面的显著相似点，目的是……强调长青哲学、恒法（Santana Dharma）、应时法（Ak ā liko Dhammo）总是且到处是一致的。”（见 A. Coomaraswamy, *Hinduism and Buddhism*, Mountain View, CA: Golden Elixir Press, 2011, p. 111。）F. Schuon, *The Transcendent Unity of Religions*, Wheaton, IL: Quest Books, 1984 中从“传统派”角度对这一概念做了深入阐述。

溯出一场跨越东西方地理界限，但又围绕着地中海区域这一象征“中心”展开的元哲学论战，论题是不可言说者的形而上学。

我们目前的尝试是构造出在技术强加给我们的实在体系以外的另一套实在体系，在此框架下，伊本·阿拉比复杂的哲学体系或许有助于抵消吠檀多哲学中某些最成问题的方面。伊本·阿拉比在其主要著作《智慧珍宝》（*Fusus al-Hikam*）[17]中概述了自己形而上学视野的主要原则[18]，核心观念是作为流溢链条的起点，担负起存在与世界结构的根本责任的“绝对者”（*al-Haqq*）。按照这位苏菲派大哲的看法，我们可以将实在最深层的结构理解为绝对者通过五层序列（*hadrah*）自我显现（*tajalli*）的形式，每一层都是实在的一个特定的本体论层级（或者说本体）。首先是不可言说的绝对者，它处于完全神秘不显的状态。伊本·阿拉比认为，绝对者是最深刻的实在层级，完全不可能被人类理解，直观或灵知都不可以。它处于非神显（non-*tajalli*）的状态，是超越存在的存在。伊本·阿拉比说，实在的终极来源完全不可言说，甚至超越了人类的超越概念。但他接着说，世界上每一个物——物质或非物质——的存在的最深

127

17 参见 Ibn Arabi, *The Ringstones of Wisdom (Fusus Al-Hikam)*, translated by C. K. Dagli, Chicago, IL: Kazi Publications, 2004。之前出版的两卷《麦加启示录》则更全面地记录了他的宗教与哲学观点（参见 Ibn Arabi, *The Meccan Revelations*, 2 vols., translated by M. Chodkiewicz, New York, NY: Pir Press, 2002）。

18 W. C. Chittick, *The Sufi Path of Knowledge: Ibn Al-Arabi's Metaphysics of Imagination*, Albany, NY: SUNY, 1989 是一份伊本·阿拉比形而上学的优秀学术性概念，其强调的认知方面与本书的分析特别相关。H. Corbin, *Alone with the Alone: Creative Imagination in the Sufism of Ibn 'Arabi*, Princeton, NJ: Princeton and Bollingen, 1998 是一份更有激情，但或许也更随意的“阐发”性叙述。

层内核，正是这个深不可测的超越“是者”（being）之维。到了第二阶，不可言说的绝对者将自身部分地以神性的形式显现为人类可以——尽管要付出巨大的灵知努力——理解的“某物”。神显由此发轫。按照他自己的信仰，伊本·阿拉比用安拉之名来描述绝对者流溢或者说自我显现的这一环节。从非认信的角度出发，我们可以重新命名这一环节，这个不可言说的存在奥秘以费解但可解的“是者”形式显现自身的环节。此处提一句有趣的题外话，这位伊斯兰教最崇高的神学家之一认为，不可言说的绝对者在本体论上甚至先于神格的形象。在自我显现的下一个环节，绝对者采取了大部分宗教信徒通常理解的“主”的形式，不管具体是哪一门宗教。在自我显现的最后两个环节，绝对者先后作为“神名”（即永恒的原型，与柏拉图的理念相去不远，是个体事物的普遍模型，但神名有无穷多个，因为每一个可能的存在物都源于一个独一无二的神名）和万千具体个别事物显现自身，后者寓于可感知的世界中，最终构成了“世界”本身。 128

通过了解伊本·阿拉比的哲学，我们得以一窥能够将纯粹不可言说的维度与向语言游戏开放的维度结合起来——不管其中有多少问题——的微妙实在结构。在伊本·阿拉比看来[19]，不可言说的绝对者与由语言定义的事物构成的世界之间的关系，并不像典型的严格一元论体系中那样仅仅是单向的。绝对者与

19　下面对伊本·阿拉比形而上学的阐述大体上遵从井筒俊彦的解读，出自 T. Izutsu, *Sufism and Taoism*, Berkeley and Los Angeles, CA: University of California Press, 2016 的第一部分，第 6 至 285 页。

世界彼此结合在一个无尽的相互“限制”（*taskhir*）过程中：正如世界完全依赖于绝对者才能存在（绝对者是存在的终极来源和根基），绝对者也完全依赖于世界才能显现自身（中间要经过永恒原型，即神名）。这里我们再次尝试将伊本·阿拉比的神智学语言（既是神学又是哲学）翻译成更世俗化的西方术语，那就可以说，存在（偏向不可言说的绝对者一侧的极限概念）和本质（偏向纯粹语言一侧的极限概念）之间是相互作用的关系。这是伊本·阿拉比思想（同样还有魔法）中一个极重要的主题，同时也蕴含在他关于对待神和世界的正确智识态度的看法中。他认为一定要明白 *tanzih*（隐秘而不可言说的维度，其中万物为一）[20] 和 *tashbih*（可以用经验和理性认识的维度，其中每一个具体殊相都保留着语言上的个体性）[21] 是共存的。为了解释 *tanzih* 与 *tashbih*，不可言说的一和语言层面的多共存的重要性，伊本·阿拉比将穆罕默德的教导一方面与诺亚，另一方面与偶像崇拜者的教条作了比较。诺亚以绝对独一真神的名义批判偶像崇拜者，将神性完全放在了 *tanzih* 的原理上，而将 *tashbih* 贬低为粗鄙的错误。相反，偶像崇拜者拒绝认为有一条不可名、不可见的绝对原理贯穿于存在之中，从而拒斥 *tanzih* 而接受纯粹的 *tashbih*。按照伊本·阿拉比的看法，诺亚和偶像崇拜者都有对的一面，也有错的一面。他们对的地方是分别在不可言说和可以用语言定义的领域发现了神性，但错在只接受一个维度，

129

20 出自动词 *nazzaha*，字面意义是“使某物免受玷污”，也就是绝对的超越性。

21 出自动词 *shabbaha*，意思是“使一物与另一物相似，或认为两物是相似的”，在神学中就是“将神比作受造物”或者说内在性。

而拒斥另一个维度。最终实现结合和对立统一（对立统一一词是隐微传统的标准表述）的人是穆罕默德，他将世界解释为神的自我显现，既是 *tanzih*，又是 *tashbih*，既是隐匿的，又是显现的，既是内在的（*batin*），又是外在的（*zahir*）。对伊本·阿拉比来说，穆罕默德之所以代表着完人（*al-insan al-kamil*），正是因为他以一身兼备这两个维度。

与商羯罗的吠檀多不二论不同，伊本·阿拉比没有否定世界的语言维度存在的合法性，而认为语言和不可言说是共存的。共存，但有等级差别。与本书正在提出的魔法体系一样，伊本·阿拉比认为语言世界相对独立于它不可言说的起源，同时语言世界在层级上是较低的。伊本·阿拉比和魔法实在体系都提出，不可言说者（用伊本·阿拉比的话说是不可言说的绝对者，*al-Haqq*）是语言（在伊本·阿拉比的视野中，既包括神名，也就是可能者的普遍形式，也包括衍生自神名的具体殊相世界）获得属于自身的、相对独立的在场的终极来源。准确来说，不可言说者可以达到绝对存在，而语言只能达到“在场”的层次。但我们在讨论后续本体时就会明白，尽管伊本·阿拉比坚持认为语言在本体论上完全依赖于不可言说，但在我们现在提议围绕魔法建立的另一个实在体系中，两者的关系要松散一些。

在接下来考察我们理解的不可言说者的原型“化身”之前，我们最后来看另一位思想家，他能帮助我们限定作为创世流溢链条第一原理的不可言说者的含义。尤其是在他的协助下，我们会看到作为生命的不可言说者何以构成了存在原理的一个内在维度。我们要再次从时间上前进，但在地理上要回到东方，130 向伊斯兰教什叶派最伟大的哲学家与神学家之一的著作寻求灵感：十七世纪波斯思想家穆拉·萨德拉。穆拉·萨德拉写作的年代正是伊斯兰哲学传统的衰退期，他的目标是将形而上学思辨从看似毫无意义、深陷教条主义学术纷争的状态中解救出来。穆拉·萨德拉事业的关键是想要将哲学呈现为一种拯救人在世生活的工具[22]——为此，他毫不犹豫地将其他遥远地域、文化的思想传统中的元素纳入了自己的体系。

穆拉·萨德拉被当代学者[23]认为是存在主义最早的先驱者之一，尽管我们对这个词的理解不同于它在当代西方的含义。萨德拉的存在主义是形而上学性质的，因为他主张存在相对于本质的根本优先性——同时又不否认后者的合法性。与本书的出发点类似，萨德拉建立自己的体系一部分是为了回应在他看来当时伊斯兰世界陷入的存在概念危机。按照萨德拉的看法，本质的原理似乎已经消灭了存在的空间，从而将哲学辩论归约为墨守教义学理论，反复咀嚼干瘪的教条立场，对神圣经文进行字面的解读。

与之相反，在穆拉·萨德拉的宇宙论体系中，存在是首要的第一原理，其他一切都由之而生。在这个意义上，萨德拉在

22 例如参见他关于知识和自知是拯救的关键工具的论述，收录于 M. Sadra, *The Elixir of the Gnostics*,translated, introduced and annotated by W. C. Chittick, Provo, UT: Brigham Young University, 2003。

23 例如参见 I. Kalin, *Mulla Sadra*, Oxford: Oxford University Press, 2014 和 M. Kamal, *From Essence to Being: The Philosophy of Mulla Sadra and Martin Heidegger*, London: ICAS Press, 2010。

存在与神之间建立了等价关系，因为我们可以将纯粹的存在理解为神，将神理解为纯粹的存在。我们很难忽视这位伊朗大思想家——有意或无意——受到的印度哲学奥义书传统的微妙影响。但是，与吠檀多不二论等一元论派不同，萨德拉谨慎地不将本质差别贬低为纯粹的幻象。尽管万物根本上都由存在造成（存在本身是混一不分的），但个体事物之间依然有着真实的差别——可以从感官上和概念上认识并描述的差别，也就是语言层面的差别。但我们要如何理解无分存在与语言差别之间的关系呢？万物怎么能同时既是不可言说的一，又是语言上的多呢？穆拉·萨德拉对这个问题给出了肯定的答案：事物间的差别，应该理解为存在经由物而发光的不同强度所带来的效果。[24] 借用一个同样为苏菲派重视的比喻，我们可以说，本质领域就像一块玻璃板（尽管我们应该把它想象为近乎处于液态），板上不同位置有颜色和厚度的差别。当存在之光穿过它时，个体事物作为一系列其强度、色彩可检测的光的调制而出现。尽管个体事物之间的边界是有些模糊的，但理解光的各种调制之间的差别是有可能的，可以理解为物从第一流溢原理接收到的光线在强度、色彩上的差别所带来的效果。然而，万物又是彼此完全和谐统一的，因为万物都是由同一束光，也就是流溢的存在所造成的。同时更晚近的十九、二十世纪阿尔及利亚苏菲派思想家谢赫·艾哈迈德·本·穆斯塔法·本·艾利瓦（Sheikh Ahmed Ben Mustafa Ben Alliwa，以下简称艾利瓦）以一种特别

131

---

24 S. H. Rizvi, *Mulla Sadra and Metaphysics*, London: Routledge, 2013 对穆拉·萨德拉的存在理论，尤其是其“存在调制”（modulation of being）观念作了详细阐述。

动人的方式表达了类似的观点。按照艾利瓦的看法，我们可以将一与多或者存在与本质的关系理解为墨水和墨水在纸上写的字之间的关系。

> 究其实质，字是墨水的象征，因为墨水之外是没有字的。字的不显，是在墨水的隐秘之中；字的显现，归根结底依赖于墨水。字是由墨水决定的，字是墨水化为实在的环节，的确只有墨水——理解这个象征！但字不同于墨水，墨水也不同于字。因为墨水在字出现之前就存在了，在字消失之后还会存在……字无加于墨水，也无减于墨水，而是通过将本身是统一的墨水分别开来而显现。字的出现没有改变墨水……你必须知道，对知者来说，墨水以外无物存在。只要有字的地方，它就不能与墨水分开——理解这些寓言！[25]

132

按照穆拉·萨德拉的看法，世界是一个发光的连续体，由无穷细分的存在强度差别构成（*tashkik al-wujud*，“存在的梯度”），于是他笔下的实在似乎爆出了纷繁各异的等级。[26] 世界由完全不可言说的、强度极高的存在维度，与可以用语言把握的、

---

25 Sheikh Ahmed Ben Mustafa Ben Alliwa, *The Unique Prototype*, as translated by T. Burckhardt 我参照的是意大利语版：T. Burckhardt, *Considerazioni sulla Conoscenza Sacra*, Milano: SE, 1997, p. 93。

26 穆拉·萨德拉阐述“梯度本体论”的文本收录于 M. Sadra, *Metaphysical Penetrations*, translated by S. H. Nasr, edited and with an introduction by I. Kalin, Provo, UT: Brigham Young University, 2014。

强度较弱的存在维度所共同构成。但穆拉·萨德拉没有止步于此。既然存在在本体论层面上高于本质，而本质差别又只是不同存在强度的差别，穆拉·萨德拉进而提出本质自身是不稳定和短暂的。他的主张与同时代的大部分人截然相反，后者遵循亚里士多德的意见，将本质与实体视为永久稳定的范畴。相反，穆拉·萨德拉展望了持续的“实体运动”状态：宇宙中的万物，每一个物和范畴都在经历不断变化的过程，这取决于让每一个具体事物分有自身存在的“存在透射”（*sarayan al-wujud*）的变化。这种变化不仅会影响一个物的偶然性质，也会影响其实体和本质。光穿过玻璃板时，玻璃板会受热液化，从而无止境地运动重组，改变着各个部分过滤光线和允许光线通过的方式。语言在宇宙论中占有合法的一席之地，但从属和依赖于不可言说者。

133

在穆拉·萨德拉的复杂体系中，本质是不断变化的，存在有无穷多个梯度，这让我们思考不可言说在宇宙大厦中能够占据的特殊地位。如前所述，吠檀多不二论将不可言说的“梵我”（真我 / 梵）视为形而上层面的独裁暴君，它将所有可能的竞争者都扔进了“泡影”这块蛮荒之地，让舞台为之一空。伊本·阿拉比反其道而行之，提出永恒的原型“神名”是附属但相对独立的范畴，能够为绝对者的不可言说增添一个语言的维度。与穆拉·萨德拉年代相近的印度莫卧儿王朝王子达拉·希科（Darah Shikoh）试图结合两者的进路，解决两者间的明显矛盾。达拉·希科在 1654 年写了一本标题引人入胜的书，《混同两洋》[27]，试图驯服吠檀多的主张，以一种苏菲派的认识作为全书的重心。然而，达拉·希科试图以神秘主义的方式统一两种看似天差地别的学说的壮举，更多依赖的是精熟的文本解读游戏，而非建立一套能够克服两种传统各自疑难的形而上学体系。穆拉·萨德拉与大约同时期的印度王子不同，他介入的恰恰是后一个层面，将伊本·阿拉比的苏菲派思想与众多其他影响来源熔于一炉，建立起一座新的形而上大厦，从而创造一种实在的全新可能性。在穆拉·萨德拉的体系中，存在与本质是同一条连续体上的两个共存的极限概念：前者偏向完全的一与不可言说（神在这里将自己隐匿起来，不让教义神学家和逻辑探问者找到），后者则偏向语言上清晰、本质上却不透明的准确形式分类领域。于是，穆拉·萨德拉的体系推崇两极之间的连续性，而非两者的断裂或一套体系内部不同基本原理的增殖。

134 现在，我们可以尝试统合前面列出的不同形而上学路径中的元素，纳入我们的图景：不可言说者原理在其中不仅是第一创世原理，同时也是“生命”。“作为生命的不可言说者”是什么意思？我们之所以这样定义魔法创世论与宇宙论的第一原理，目的是将魔法的实在呈现为不可言说与语言两极之间、存在与本质两极之间的连续体，其中前一极可以近似理解为我们平常的“生命”概念，后一极则近似于我们平常的“客体性”概念。每一个存在物，不管是物质还是非物质，都包含这两个方面：不可言说的存在的生命维度，以及可以用语言分析的客体性维

27 Prince M. D. Shikoh, *Majma-Ul-Bahrain* or *The Mingling Of The Two Oceans*, Calcutta: The Asiatic Society, 1998.

度。在这个意义上，我们可以说每一个存在物既是有灵的，因为它被不可言说的生命维度贯穿，又是无灵的，因为它或多或少也具有可以被归约为语言范畴的维度。各个物中不可言说和语言的比例可能各有不同。比如，我们可能会觉得当代经济的金融机构中的货币单位这样的存在物几乎是完全不透明的客体，语言维度似乎扼杀了不可言说性的任何一点微光，尽管不可言说性必然贯穿于它。反过来还有其他一些存在物的客体性质地是如此稀薄，对不可言说者是如此透明，以至于几乎不可探知，我们在后续几个本体中会看到它们。无论如何，在本体论层面，贯穿并维系着这整个系列的存在物的生命维度遍历万物，畅通无阻，从而提供了一个可以说万物归一，同为“物外之物”的层次。每一个存在物都不可言说地存在着，于是都是有生命的，而且真正地与其他一切物同一；与此同时，作为这个或那个特定的客体，每一个存在物又都有不同的本质，依据由历史决定的语法而具有个体身份和与其他物的分别。这一视角提出了一种两层泛灵论——万物同时有一部分是生的，有一部分是死的，近年来“物导向本体论”（Object Oriented Ontology）也有同样的主张[28]——但其中不可言说者，进而生命保持着首要地位，在层级上高于能够归给存在物的其他一切形式。 135

在结束关于魔法创世链条第一本体的这一节之前，我们要考察一番不可言说者的“原型化身”，就像我们之前分析技术宇宙论的五个本体时那样。我们在技术流溢链上初次遇到不可言

28　例如参见 T. Morton, *Humankind: Solidarity with Nonhuman People*, Verso, 2017, pp. 43–50。

说者时，它还是带来了“可能性”概念这一原型化身的痛苦界限。而在这里，在技术的最后一个本体的镜面反像处，我们又一次发现了它，代表它的原型化身同样与可能性有关：奇迹。技术中的可能性概念与通过疯狂的“仿解”活动来重启创世链条的尝试有关，而在这里，奇迹的可能性首先具有沉思的一面。

谈到奇迹，我们通常指的是似乎脱离“自然”事件正常轨道的事件。甚至十九世纪英国数学家查尔斯·巴贝奇（Charles Babbage）反对休谟、为奇迹辩护时也说，奇迹是上帝创世“算计”之内的表面反常现象。[29]巴贝奇认为，奇迹与其他事件一样都是算计的结果，人类之所以觉得奇怪，只是因为我们不了解上帝的宇宙公式的全貌。奇迹的当代用法中也保留着这样的色彩。通常来说，奇迹指的是可感知领域中看似不符合我们理解的事物“自然”秩序的事件，但除此之外本身并无特异。

如果要将奇迹视为不可言说者的原型化身，我们就必须放弃这个词的常见理解方式。如果“作为生命的不可言说者”的形而上学是围绕我们的认知边界建立的话，那么奇迹也必须与这种边界有关——也就是放宽边界。否则，我们就不可能谈论不可言说者的化身，按照定义，最纯粹形式下的不可言说者超越了一切化身的可能性——而在这个环节，我们确实在考虑这样绝对状态下的不可言说者。所以，如果我们想要考察作为生命的不可言说者可能“长什么样子”——再说一句，奇迹的本质正在于此——那就必须以某种方式离开它。我们必须将不可言说者放在

136

29 C. Babbage, *Passages from the Life of a Philosopher*, London: Longman, Green, Longman, Roberts & Green, 1864, pp. 404–5.

一定距离之外，哪怕只是很近的距离。在那里，它施加于我们的认知边界稍微放宽了一点。现在的问题是：在不可言说者流溢出的东西投射回来的凝视之下，不可言说者可能长什么样子。

为了寻求这个问题的答案，我们必须继续踏上思想的旅程，这一次要远离穆拉·萨德拉所处的伊朗西北部，来到十九世纪的德国，具体来说是1844年的柏林。那一年，麦克斯·施蒂纳的《唯一者及其所有物》（*The Ego and His Own*）出版了。麦克斯·施蒂纳是第一位个人无政府主义哲学家，也是卡尔·马克思的对手，通过结合了哲学与神学的思想道路发展了他的观念。因此，为了理解他对我们在魔法宇宙论语境下对奇迹的分析会有何贡献，我们用九世纪新柏拉图主义否定神学家约翰·司各脱·爱留根纳（John Scotus Eriugena）在《论自然的区分》中的话来介绍他似无不妥[30]："我们不知道神是什么。神自己也不知道自己是什么，因为神不是任何物（即不是任何受造物）。神在字面意义上就是不存在的，因为神超越存在。"仿佛在回应这种言论似的，激进的无神论者麦克斯·施蒂纳宣称："他们说神'不可名状'。我也是如此：没有一个概念表达了我，没有一个被规定为我的本质的东西穷尽了我；它们只是名字。"[31]以神秘主义的方式批判一切驯服不可言说者的企图，他又继续说道："从它（宗教领域）走出去，就来到了不可言说。对我来说，琐屑的语言里空无一词，而'大写的词'，也就是逻各斯，对我来说

---

30 J. S. Eriugena, *Periphyseon: The Division of Nature*, translated by I.-P. Sheldon-Williams and J. J. O' Meara, Montreal: Dumbarton Oaks, 1987.

31 Max Stirner, *The Ego and Its Own*, Cambridge: Cambridge University Press, 2006, p. 324.

'只是空词'。"[32] 麦克斯·施蒂纳的整本书可以被解读为对奇迹

137 体验的哲学叙述，作者在书中——用一种炽烈、激情的语言，让人想起某些苏菲派的"迷醉"事例——讲述了本人不可言说的维度（施蒂纳称之为不可归约的'唯一者'，*Der Einzige*）突然间向他自己的语言维度（也就是可以被语言和社会分类的"我"）揭示的经历。

当这一奇迹发生时，语言维度似乎就进入了一种极度脆弱的状态，仿佛要解体一般。一方面，我自身的语言可定义的维度散发着社会强加给它的，对概念的压抑式偶像崇拜的气息。社会称我为"人"，但它们要我认同的每一个描述都不过是一个将我泯灭、迫使我放弃自我的牢笼。但另一方面，如果我最真实的部分就是这个抗拒一切形式的描述和分类的不可言说维度，那么我似乎更多地是"无"而非"有"。我果真就是无吗？在这一点上，施蒂纳反对伊本·阿拉比所说的，伴随着一切奇迹体验的"形而上困惑"（*hayrah*）。他摆脱了看到自我之中不可言说的无底深渊时的恐惧呆滞，手段是将那一深渊开辟为终极的能动力量："我并不是空洞意义上的无，而是富有创造力的无（*schopftrische Nichts*），是我作为创造者从中创造出万物的无。"[33] 在这次反转中，施蒂纳暗示不可言说的第一原理与可能从中涌现出来的所有语言范畴之间，有着本体论层面的等级差别。当施蒂纳描述他眼中唯一者与唯一者在社会中必然要经历的语言范畴之间的特殊关系时，这一点甚至还要更明显。我们知道，社会本质上是——在

32 Stirner, *The Ego and Its Own*, p. 164.

33 Ibid., p. 7.

技术社会中则完全是——由语言范畴构成的。而施蒂纳激烈地指出，语言范畴通常是当时的掌权者挥舞的“妖魔”，个体应该完全屈服于它。然而，在社会中生活又完全放弃语言是不可想象的。那么，在经历了揭开不可言说者面纱的奇迹体验后，我们要如何看待社会生活呢？施蒂纳在这一点上立场鲜明：

> 如果是为了被人理解和交流沟通，我当然只能使用人的手段，这种手段我是掌握的，因为我同时也是人。而且事实上，我只是作为人才有思维；而作为我，我同时又是无思的。若不能摆脱思想，那就只能是人，是语言——这人的建制，这人类思想的宝库——的奴隶。语言或者说“词”对我们最是暴虐，因为它动用了一整支成见的大军来对付我们。只需看一看正在反思的你自己，现在就看，你会发现只有每一个无思无言的时刻才有进境。你不止在（打个比方）睡梦中无思无言，甚至在最深度的反思中也是；没错，正是那时才最无思无言。只有通过这种无思状态，这种不被承认的“思想自由”或“摆脱思想的自由”，你才是你自己。只有通过这种方式，你才能将语言作为所有物来运用。[34]

138

随着他论点的进一步开展，施蒂纳提出，要将不可言说与语言的关系变成所有物的关系。不可言说的唯一者仍然具有本体论优先性和独立地位，语言则降格为让唯一者在日常社会

34　Ibid., pp. 305–6.

生活中显现自身的工具，不管显现得多么片面。作为生命的不可言说者和一切可以由语言把握的事物——其实还有语言本身——之间的关系是所有物关系，因为语言范畴（比如社会制度）的合法性是由其对不可言说者自我显现的功用来衡量的。不消说，这种关系与我们今天在技术宇宙论中看到的关系大不相同。在技术宇宙论中，存在的一切残余都被归约为它激活语言位点的功能。

于是，奇迹体验将我们自己“发现”的不可言说者创立为语言实体，由此也开始传播不可言说者施加于语言领域的节律。进入魔法创世流溢链的下一个本体时，我们会看到这一节律将如何深刻影响实在的每一个方面，从认知维度到伦理维度。

139

第二本体：人

从第一原理“作为生命的不可言说者”流溢出了魔法创世链条上的第二本体：人。这是存在不可言说的维度涌现出的第一个语言实体。在此之前，语言只是潜在于不可言说者之内——而到了这里，不可言说者第一次说话了。不可言说者说话了，尽管本身仍然是不可言说的。[35] 通过说话，不可言说的生命与自己拉开了距离。之前是不可言说者的绝对位置“这里”，

35 “智识不能测度神圣，/ 青天隐匿在智识之外，/ 但炽天使有时会传来消息”，出自 Aleksandr Blok, *The Intellect Cannot Measure the Divine*, in A. Blok, *Selected Poems*, translated by J. Stallworthy and P. France, Manchester: Carcanet Press, 2000, p. 25。

现在第一次变成了可以用语言把握的"那里"。[36]不可言说者说话了，说出的第一个词是"这"——"这"是不可言说者最初距离的语言边界。在个体经验中，我们会听到不可言说维度发出"我"这样的原始词语——但我们不应该认为自己正在进入魔法创世论的"心理"环节。我们仍然稳稳地扎根于形而上学和宇宙论的层次上——尽管此处形而上形式的根基与认知的根基彼此纠缠。

在吠陀中，这个原始词语被描述为*Ka*（谁）。*Ka*是元始神生主最初认识到他自己的第一个名字，由此在自身之内创造出了分别——他，万物的创始者，是万物，于完满统一中包纳万物。 140

> 起初，生主不知道自己是谁。只有当众神由他而生时，当众神的性质与轮廓形成时，当生主自己塑造众神的外貌，不将任何一个神忘掉，包括他们的权柄与荣耀时，只有这时，那个问题才会出现。因陀罗杀死了弗栗多。他仍然为恶龙的可怖而震撼，但他知道自己是众神的主宰。他来到生主面前说道："让我成为你所是的，让我伟大。"生主答

36　乍看起来，从魔法的第一本体"作为生命的不可言说者"逐步达到最后本体"悖论"的过程或许恰好是传统苏菲派通往"湮灭"（*fana*）之路的准确反转。"（湮灭是）自我意识的完全消除，唯有纯粹的绝对独一实在，主客二分前的绝对意识"（T. Izutsu, *The Basic Structure of Metaphysical Thinking in Islam*, in M. Mohaghegh and H. Landolt (eds.), *Collected Papers on Islamic Philosophy and Mysticism*, Tehran: Iranian Institute of McGill University and Tehran University, 1971, p. 39）。苏菲派神秘主义者是从世界的完成形式出发，追溯初始的原理，而本书对魔法创世论的探讨则是从第一创世原理出发，进往魔法世界的完成形式——所以方向看起来是反的。但后面的文字会表明，在探讨魔法第五本体时也会讨论的一点是，"作为生命的不可言说者"与"悖论"之间的运动其实更接近从"湮灭"走向"永恒"（*baqa*）的过程，以及它所蕴含的一切。

> 道："那么，我是谁（*ka*）？""就是你刚才说的那样"，因陀罗说。在那一刻，生主变成了 *Ka*。在那一刻，他明白了，他全都明白了。他过去从来不知道受限的快乐，不知道在一个直截了当的名字中休息的感觉。甚至之前众神在由一万零八百块砖砌成的圣火祭坛中安抚他时，他也总是穿梭于无形之中的形。[37]

在流溢链的这个环节，我们见证了一场双重运动，既是本体层面的，又是认知层面的。在本体层面，不可言说者从自身中涌现出了第一个词，"这"（或者"我"），接着回返到自身。不可言说者与第一个词之间的关系仍然是不对称的：前者可以说出后者的名字，反过来却不行。[38] 同时还发生了认知层面的反向运动，第一个词——第一个由语言定义的实体，"这"或者"我"——先回望自己不可言说的源头，再看向自己。这是奇迹体验的延续，"我"在形而上层面已经足够稳定，有能力回头看自己了。但如果"这"或者"我"是由不可言说者说出的名字，这个新的实体应该如何称呼自己呢？它要如何理解自己在魔法宇宙中的位置和角色呢？

141 当"我"回望最初说出了这个词的不可言说的生命，接着又作为语言实体看向自己时，它所处的位置只能定义为"人"（person）。这个词乍看起来或许有一定误导性，因为在日常用

37 R. Calasso, *Ka*, London: Vintage Books, 1999, pp. 36–7.

38 "词语 / 随着日光而来 / 当花园陷入沉寂 / 在他之中，在枝头上 / 是没有戒心的鸟儿。" Francesco Scarabicchi, *Sui Rami* (On the Branches), in F. Scarabicchi, *Il Prato Bianco*, Torino: Einaudi, 2017, p. 27.

语中——尽管哲学领域中有一些显著的例外[39]——人按照定义就是人类。但从魔法宇宙论的角度看，“人”这个词并不专指人类。与每一个人类的“我”一样，每一个非人类的“这”都不过是第一个内外在性质概念可以附着其上的语言基底，而且不管附于人类还是非人类，“人”都同样能够出现。按照拉丁语的词源（*per-sonar*），“人”只是不可言说者借以发声的第一个点。人之所以被如此定义，正是基于它能够被存在不可言说之维——也就是生命——的光或声音所贯穿。通过将自己理解为人，“我”认可了自己在魔法宇宙论中的正当位置，并宣示了不可言说的本体论高于名称的本体论。换言之，第一原理不可言说者中流溢出了一个实体（“这”或者“我”），这个实体尽管与它的起源分离，但很大程度上仍然是不可言说者自身的机能（也就是，不可言说者将自己理解为“人”）。通过说出第一个词，不可言说者与自己拉开了足够让实在出现的距离，按照我们之前给实在的定义。然而，新生的、朝向语言的实在边界（“这”“我”）在本体论层面依赖于且低于其不可言说的起源。这样一来，魔法宇宙论就直接宣布了它希望何种实在成为可能。这是一种没有完全被不可言说者原理压平的实在形式——如果是那样，它便会重现技术造成的实在的终末——而是认为存在与本质之间的空间是有等级序列的。

由于第二本体的特征，人的原型化身必然具有双重性。两个看似差别巨大的形象分别代表作为创世本体的人的两个互补

39　最近的人物是蒂莫西・莫顿；参见 T. Morton, *Humankind: Solidarity with Nonhuman People*, London and New York: Verso, 2017。

142 方面：阿波罗和伊玛目。前者往前看，眺望流溢链条上后续本体的流溢与形塑。后者向后看，回顾前一条原理并向其寻求自身生产行动的引导。

我们先说阿波罗，让神性在我们的阐述之路上优先通行。众所周知，阿波罗是古希腊诸神中最复杂的神祇之一，被赋予了众多不同乃至时有矛盾的属性，比如健康与瘟疫、阳光与毁灭、箭术、音乐、诗歌、殖民等等。我们这里特别感兴趣的一点——同时部分遵循尼采对阿波罗形象的描述[40]——是阿波罗与美学中的和谐，以及更广泛意义上的界限设定之间的密切关联。甚至在执掌瘟疫和毁灭这样的负面属性中，阿波罗也是能够将混沌约束在形式之内，从而为混沌带去秩序，或者将形式与限制从世界中去除，从而让混沌复归的神。阿波罗与宇宙论探讨天然相配，因为他的影响范围恰好与化混沌为“世界”——在希腊语里是 *cosmos*（被装点和布置，所以是美丽的），在拉丁语里是 *mundus*（被装点和布置，因而是洁净的）——有关。阿波罗代表着“人”的一个重要方面：它体现了第一语言实体认识到自己是不可言说者的功能后“布置”自己，让自己“洁净”和“美丽”，从而能够让不可言说者的光继续透射的过程。在象征意义上，在魔法宇宙论余下的部分中，随着魔法世界的其余

40 更确切地说，是部分遵循乔治·科利对尼采“阿波罗派”概念的解读（参见 G. Colli, *Apollineo e Dionisiaco*, Milano: Adelphi, 2010, pp. 75–120）。与科利一样，我们现在是从阿波罗能够设定界限，将“表征”语言层面引入世界的角度来思考阿波罗的本质。但与科利不同的是，本书对阿波罗形象的解读不仅限于现象界和“自我闭合的词语”，而是将其放在与不可言说者的直接联系中（虽然隔着一定的距离）。关于更接近本书看法的阿波罗形象解读，参见詹姆斯·希尔曼的 *Apollo, Dream, Reality,* in J. Hillman, *Mythic Figures*, Washington, DC: Spring Publications, 2012。

部分跟着一个个本体缓慢成形，阿波罗的创世之手将始终伴随人的左右。阿波罗的创世过程以“我”最初认清自己是人发端，类似于诗人将格律施加于自己的诗句，让语义之上和之外的节奏与声音透过文本照射出来。143

与阿波罗作为药神的属性一致，“我”首次将自己塑造为人的这一过程也对应于一种自我疗愈的形式。在魔法宇宙论中，“健康”形式就是最适合被不可言说者——也就是生命——之光贯穿的形式。语言的秩序，语言实体的健康与美丽，本质上都由语言的“玻璃”和穿透玻璃的不可言说之“光”两者间的关系定义。这一特殊的健康概念再次指向了语言在魔法之内发生的一个重要特征。与技术不同，魔法的语言从来不是自我闭合的。它不是扩张自身语言秩序的手段，恰恰相反，它总是回头看，从外在寻求指引。

这个方面将我们引向了人的原型化身的另一半：伊玛目的形象。在阿波罗那里，我们看到了人积极的一面：将形式与限制加诸语言——首先是加诸自身——以此作为它与不可言说的源头之间关系的一部分。但我们还没有研究一个人如何决定哪一种形式最适合让不可言说者之光贯穿。于是伊玛目的形象出现了，它的本意是“走在前面的人”，也就是能引导个体行为的“指引者”。理解伊玛目所做之事特殊性的最好方式就是通过伊斯兰教什叶派思想——特别是十二伊玛目派和伊斯玛仪派[41]——的透镜，其哲学与神学体系很大程度上就是围绕伊玛

41　关于伊斯玛仪派伊玛目学的精彩讨论，参见 H. Corbin, *Cyclical Time & Ismaili Gnosis*, London: Routledge, 2013, pp. 103–50。

目形象建构起来的。在什叶派看来[42]，伊玛目必须被置于与先知（或众先知）的互补关系中。先知的职责是领受神启的话语，然后传递给世人，而伊玛目的角色同样关键，是解读神的话语，以便揭示其真正的含义。于是，伊玛目能够从话语的字面、外在层面（显白，*zahir*）之后发现不可言说的、根本的内在维度（隐微，*batin*）。在魔法宇宙论的语境下，伊玛目代表着阿波罗的必要互补：为语言世界赋予任何秩序形式的先决条件是理解语言世界本应寓于其中的不可言说者。此外，伊玛目不仅与不可言说者直接相关，还与不可言说者从语言中解脱，或者“隐藏”于语言之下的方式直接相关。因此，伊玛目的工作包括在不可言说者与最初的语言实体之间的螺旋式运动。一方面，伊玛目与神秘主义者一样回头直视不可言说者，将自己的发现当作罗盘，指引语言形式的布置排序。另一方面，他又一直依据不可言说者来解读（*ta'wil*）语言，从而持续地重塑语言实体，并将语言实体带回自己的功能，也就是不可言说的源头显现自身的承载者。阿波罗代表构建语言结构的能力，伊玛目则代表指导构建工作的终极建筑设计职能，以及不断视查，以涉全最终将入住语言大厦的不可言说的生命的要求。

144

再次强调以下两点是重要的：阿波罗和伊玛目是互补的形象，而且两者都在魔法创世链条上的第二本体之内。在不可言说者说出的第一个词，“这”或者“我”意识到自己处于“人”的位置时，阿波罗和伊玛目象征的两个过程就立即同时发生

42 参见 *Shiism and Prophetic Philosophy*, in H. Corbin, *History of Islamic Philosophy*, London: Routledge, 2014, pp. 23–104。

了。这是“人”——作为不可言说者显现（*mazhar*）的恰当场所——的无穷建构的两个方面。什叶十二伊玛目派的“隐遁伊玛目”（the Hidden Imam）学说从理论上阐发了伊玛目作为人的内在机能的观念。为了理解隐遁伊玛目学说与本节论说的相关性，我们来简短考察一下该学说。伊斯兰神学认为，穆罕默德带到世间的启示是最终的封印，终结了从亚当（他被认为是第一位先知）开始的天启周期。穆罕默德死后，世上不会再有先知。但按照什叶派的神学观点，天启周期的终结开启了一个新的周期："隐微解读""启入"（initiation）和伊玛目的周期（这些含义都包含在“监护”[*walayat*] 这个复杂的术语中）。在隐微解读启示的过程中，自首位伊玛目阿里开始的早期伊玛目一系发挥着重要的作用。然而，十二伊玛目派的神学观认为，伊玛目传到第十二代穆罕默德 · 马赫迪（Muhammad al Mahdi）时发生了一件不寻常的事。在多灾多难的人生的某个时刻，第十二代伊玛目马赫迪决定“隐遁”（occultation）。[43] 一开始，他从地理上消失了。他进入了“小隐遁”（*ghaybat soghra*）阶段，退入了一处无人能找到的藏身处，他在那里将消息传递给自己选择的“代理人”。最后，他从历史中消失了。马赫迪进入了“大隐遁”（*ghaybat kobra*），在此期间他不再任命代理人。大隐遁一直持续到今天，而且会持续到隐遁伊玛目在时间的终点重返世间为止。但在当今的大隐遁期，隐遁伊玛目也没有完全消

145

43　接下来的解读主要依据亨利 · 科尔班的说法。参见 H. Corbin, *L'Imam cache'*, Paris: L' Herne, 2003。作者读的是意大利文译本：H. Corbin, *L'Imam Nascosto*, Milano: SE, 2008。

失。他现在的位置在每名信士的心中，而且*就是*信士的“心”（用一个为苏菲派所共享的术语）。隐遁伊玛目本体层面的位置不能仅仅作为隐喻来考虑，这一点在讨论下一个本体时会详细阐述。他的存在不只是唤起人希望的幻想，而是具有本体论合法性的形象，居于不可言说者与存在语言维度之间的“想象界”（*alam al-mithal* 或 *mundus imagnalis*）。但更多内容要留到后面再讲。

作为“现在伊玛目”（*Sahib al-zaman*，意为“现在的统治者”），隐遁伊玛目寓于每个寻求其指引的人心中。他是负责将人类个体引向真正的“人格”状态——也就是个体自身的语言维度被映入了一面反射出其自身不可言说维度（如前所述，这个独一的维度畅通无阻地贯穿所有存在物）的镜子——的力量。现在，我们就能理解十二伊玛目派的一个典型思想了，即隐遁伊玛目形象与完人（*al-Insan al-Kamil*）形象的合一。正如伊本·阿拉比等什叶派思想家也探讨过的，完人形象象征着个人——不管是理解为独一无二的个体，还是所属物种的代表——尽可能完全反射绝对者之光的状态。正如亨利·科尔班所说，隐遁伊玛目是“完人，全人，‘因为是他让万物能够开口说话，每个物都有了生命，从而成为了精神世界的一个入口’”[44]。我们现在应该已经明白，阿波罗和伊玛目——通过什叶十二伊玛目派的解读——两个形象是如何共同构成了魔法第二本体的原型化身，在这个本体中，最初的语言实体尝试将自己

146

44 H. Corbin, *History of Islamic Philosophy*, London: Routledge, 2014, p. 72.

树立为“人”。阿波罗是通过形塑语言来创造人的力量，隐遁伊玛目则是这个力量的指导者。在这里，我们见到了魔法实在内伦理最早的面貌。

第三本体：象征

随着魔法各本体运动的展开，我们能发现它的演进与所有基于一个核心形式的创世过程都是相似的，包括技术在内——当然，两者各自的原理和总体结构完全不同。从第一本体流溢出了后续的本体，所有本体又共同形成了一个贯穿它们的规范性方向，直到最初的能量最终耗尽。在进入魔法创世链条的第三步“象征”之前，我们要先简短回顾前面两步，以便更好地理解其内在运动的本性。

在第一本体那里，我们试图考察魔法创世论的第一原理本身。作为生命的不可言说者神秘而威严地站在那里，几乎不受其显现为奇迹的潜能所影响。我们将生命定义为存在核心处不可言说的维度，又认为它是畅通无阻地贯穿整个存在界的一道水流——从而也采纳了看似无生命实体其实也有生命的主张，类似于当代客体导向哲学家蒂莫西·莫顿的立场。通过反复引用吠檀多不二论学派、伊本·阿拉比和穆拉·萨德拉的哲学观，我们既将不可言说者呈现为个体存在者的生命——在这一方面，我们寻求了麦克斯·施蒂纳的援助——又将其呈现为存在原理本身。真我就是梵。

147

在第二本体那里，我们见证了不可言说者，也就是生命，说出第一个词的时刻:“这”或者“我”。我们对作为初名的“我”的探究比较深入,因为“我”指的是人类对它的接受——但我们也指出,作为“这”,它同样适用于非人类的实体。这第一个词反过来又回望它不可言说的源头,接着再看自己,于是明白了自己作为“人”的位置:不可言说者借以发声的语言承载者。我们再次明确,人的形象不仅限于人类,同样也适用于非人类——尽管身为人类的我们是从自己的特殊视角去探究的。在这个层面上,人也表现出了阿波罗和伊玛目两张面孔。这就是说,人有塑造语言建构物(首先就是人自己),使不可言说者透过其照射的能力。这一层级是魔法实在之伦理面向以胚胎形式的发端。

到了魔法创世论的第三本体——“象征”[45]——语言领域进一步远离其不可言说的源头,但仍然遵循源头的规范指导。在第二本体中,人还只是潜在的主体;而在第三本体中,人开始作为主体行动了。从此以后,人不再作为“我”或“这”,而是作为“人”行动。现在,人要运用自己的能力去塑造自我创造之外的语言,并发展出一个与自身以外的语言建构物进行创造性互动的过程。在这里,人开始建构世界和世界中的物:这个世界与人本身一样,必然总是能够让不可言说者贯穿它。如果我们将不可言说者理解为生命,将生命理解为不可言说者,这就意味着人的主要工作就是塑造死的语言建构物,让它们活

45 关于一份对地中海地区(和印度)思想中的“象征”概念,尤其是其宗教解读的精彩相关讨论,参见 J. Ries (ed.), *I Simboli*, Milano: Jaca Book, 2016。关于一种与本书观点有很大相通之处的对象征的理解,特别参见 E. Wind, *The Eloquence of Symbols: Studies in Humanist Art*, Oxford: Oxford University Press, 1983。

起来。或者更确切地说，让它们既是活的，又是死的，与以下事实相一致：这个世界既是（活的）不可言说者的流溢，又是（死的）语言建构物。 *148*

于是，“象征”既代表魔法创世论第三本体的名称，在更广泛的意义上又代表一种面对不可言说者的问题建构语言的特定方式。作为本体，象征会定义魔法世界的内在性质——而作为建构语言的方式，它的方法论又可以回溯到将人这一形象引出的过程。因此，象征是一个非常复杂的概念。为了继续进行探究，我们首先要从两个特殊的角度来观察它：定义和创生潜能。我们会试图回答两个主要问题。第一，什么是象征？第二，魔法创世的这个阶段会产生出何种世界？首先来看第一个问题，一个大问题。

如果我们将象征与托喻，另一种经常错误地与象征关联起来的语言形式做一比较，就能开始理解象征的特殊性了。歌德简短而敏锐地论述了两者的根本区别。

> 诗人是为了一般而寻求个别，还是在个别中看到了一般，这里的区别很大。前者是托喻，个别仅仅作为说明，作为一般的个例。后者（象征）则是真正的诗性；它是在表达个别，而没有思考或指向一般。
>
> 托喻将现象转化为概念，将概念转化为意象，但这样产生的意象总有概念寓于其中，概念完全保持在意象中，并为意象所表达。
>
> （然而，）象征手法将现象转化为理念，将理念转化为

意象，于是意象中的理念总是无限活跃又无法接近，而且用尽一切语言依然无法表达。[46]

149 托喻和象征不只是不同的表义工具。如果将两者本身视为创世原理（分别产生托喻实在与象征实在），那么它们就代表着对构成实在的“原料”的不同构想。作为创世原理，托喻方法与技术抛弃实在、追求没有存在而只有本质的平原的做法密切相关。托喻的第一个主张是公开的，即语言有能力正确地、彻底地把握存在者：如果世界中有物的话，托喻（也就是描述性）语言就能够正确地、彻底地表达这些物。托喻的第二个主张是隐含的，但比第一个主张更重要，它讲的是，语言把握的范围与本体论层面可能事物的范围是重合的。既然托喻语言能够把握万物，那么不能被它把握的东西如何能真正具有合法的本体论地位呢？我们知道，这就是技术创世论的核心。

象征则恰恰相反，它并不把握或穷尽自己的对象，而是“指”向它。用约瑟夫·坎贝尔（Joseph Campbell）的话说：

象征与一切事物一样，都表现出两面性。因此，我们必须区分象征的“感知”和“意义”。在我看来完全清楚的是，历史上一切大大小小的象征体系都同时运行于三个层面：醒觉意识的物质层面、梦境的精神层面、绝对不可知

46 J. W. von Goethe, *Maxims and Reflections*, Nos. 279, 1112, 1113 – in M. H. Abrahams and G. G. Harpham, *A Glossary of Literary Terms*, Stamford, CT: Cengage Learning, 2015, p. 394.

> 的不可言说层面。“意义”一词只能指代前两者，但这两者在今天是由科学负责的——我们已经说过，那是符号而非象征的领域。不可言说的、绝对不可知的东西只能被感知。艺术的领域不只是“表现”，甚至不主要是表现，而是追寻和说明能够引发体验、激发能量的意象，从而产生赫伯特·里德爵士恰如其分表达的“对存在的欢愉领悟”。[47]

我们在下一章中有机会更深入地考察直接的“存在领悟”这一观念，还会考察穆拉·萨德拉在十二世纪波斯哲学家苏赫拉瓦迪著作基础上发展出的认知理论。现在，我们还是关注象征的特殊形式。象征既是存在于语言实在之内的表征符号，又同时超越了符号（因为象征的指称对象是不可能完全传达的）和生产性语言（因为它抗拒一切将物绝对归约为工具性的做法）。“圣物”形象就是象征矛盾性的一个例子，尤其是按照传统文化对其的理解：比方说，神石既不过是一块普通的石头，又是不可言说的力量的显现。罗马尼亚宗教史学家米尔恰·伊利亚德将这一方面描述为“神圣辩证法”，其中不可言说者穿透了语言领域，导致了神圣者的显现，也就是“圣显”(hierophany)： 150

> 表面上看，蒙受启示时不在时间之内的一瞬与任何一个平凡的时刻都没有分别。为了正确理解这个意象的结

47　J. Campbell, *The Flight of the Wild Gander*, New York, NY: HarperPerennial, 1990, p. 188.

> 构与功能，我们必须记住神圣辩证法：任何物都可以成为圣显，容纳神性，但同时又矛盾地分有它自身的宇宙环境（例如，神石和其他石头一样，毕竟还是一块石头）。[48]

纵贯历史上对象征的运用和分析，象征与神圣的密切关系都是一个反复出现的主题。在这一方面具有特别意义的是德国哲学家恩斯特·卡西尔（Ernst Cassirer）的尝试。他试图以“象征形式是人类认知的基本结构”这一观念为基础创造出一整个哲学体系——以至于卡西尔将人类定义为“象征动物”（*animal symbolicum*）。按照卡西尔的看法，从艺术到科学的一切文化体系的初始源泉都是人类通过象征思考的独特能力。但在所有这些体系中，有一个似乎特别保存了象征机能某些最原初、最基本的性质，那就是神话体系。于是，卡西尔将三卷本151《符号形式哲学》[49]中的整个第二卷都用来探讨“神话思维”。不管神话思维比现代科学原始多少，受理性论证进展的影响小多少，但唯独它能够为我们提供一个独特的框架，世界通过这个框架浮现于我们的经验之前。卡西尔又在《语言与神话》中总结了自己的部分主要发现，以一种并非与魔法视角格格不入的方式将两种概念化形式（语言和神话）并置。神话思维与语言不同——尽管两者有着密切的关联——它在世界中感受到了

---

48 M. Eliade, *Images and Symbols*, Princeton, NJ: Princeton University Press, 1991, pp. 84–5.

49 E. Cassirer, *The Philosophy of Symbolic Forms*, vol. 2: *Mythical Thought*, New Haven: Yale University Press, 1955. 编者按：本书中我们将 symbol（ic）译作“象征（的）”，以区分于作者所说的 sign（符号），但此处书名保留已有中译书名。

一个力场，这个力场“遍布一切事物，可能一会出现在物上，一会出现在人上，但从来不会完全寄宿于任何一个主体或客体上”[50]。这种神秘力场的一个范例就是美拉尼西亚人的“玛纳”（*mana*）观念，一种横贯万物、永远存在却不可归约的神力，但世界各地的各种神话思维中也能找到例子。在所有真正的神话思维的个例中——卡西尔认为，神话思维是象征思维的原初形式——意义并非作为表征惯例的产物出现，而是某种寓于神话结构之内的东西，就像生命寓于躯体之内。通过其象征，神话可以召唤不可言说者，将其激活并转化为实实在在的“物”；古代社会常常把这些不可言说者视为真实具体的殊相。卡西尔于是得出结论说，它们被视为“圣”物——可以是物质，也可以不是物质，可以是石头，也可以是公式——而且它们传递不可言说者的能力也被认为是一种内在的超自然力量。

卡西尔发现，同样的过程在今天仍然运行在诗歌领域，尽管是以一种几乎完全空灵（ethereal）的形式，摆脱了与物质对象的联系。

> 精神生活在语词与神话意象之中，同时没有被两者所控制。诗歌表达的既不是神话文本——神祇妖魔的相貌，也不是抽象计算与关系的逻辑真理。诗的世界分立于两者之外，是一个幻象与幻想的世界——但恰恰是在这种幻象模式中，纯粹感受的领域才得以表达，才得以达到充分具

152

50　E. Cassirer, *Language and Myth*, New York, NY: Dover Publications, 1953, p. 63.

> 体的实现。语词与神话意象在古人心智中曾经是实实在在的力量，如今却失去了一切实在性与效力；它们变成了轻盈发光的以太，精神可以在其中不受阻碍地行动。这种解放之所以能实现，不是因为人的心智抛弃了语词和意象的感官形式，而是因为心智将两者当作自己的器官来运用，从而认清了它们的实质：心智揭示自身的形式。[51]

尽管远隔万里，但卡西尔的结论似乎指向了同一个“心智”自我显现的概念，在他的理解中，这个概念与“梵我”概念其实是暗合的。“精神”——用卡西尔的话说——由诗性的象征语言召唤了出来，既能显现自身，同时又不会被把握。值得一提，至少值得略提的是，卡西尔对诗的简短叙述同样适用于本书正在发展的魔法体系。化用海德格尔的一句话，如果我们可以将技术理解为科技的本质，那就可以将魔法理解为诗的本质。但对魔法与诗之间关系的探讨要留到后面，现在还是继续来考察象征表达如何天然地寓于神话领域。跟随卡西尔的脚步，我们要关注象征形式在神话领域的生产维度，从而努力更清晰地认识它。

与之前的所有本体一样，魔法第三本体也能找到一个原型化身：这一次是神话主题（*mythologem*）。“神话主题”一词直接借自匈牙利神话学家卡尔·凯雷尼（Karl Kerenyi）的术语表。在一部与荣格合著的书的导言中，凯雷尼将神话主题定义

51 Cassirer, *Language and Myth*, p. 99.

为一个神话的基本核心要素、主旨或者母题。

> 神话这门艺术由一种特殊的素材所决定，一个包含在关于神、半神、英雄交战、地府旅程的传说中的悠久、传统的素材库——“神话主题”是用来形容它们最贴切的希腊语词……神话就是这一素材的运动。[52]

153

类似地，克洛德·列维-斯特劳斯（Lévi-Strauss）也说神话主题（准确来说，列维-斯特劳斯用的词是 mytheme）反映了“可以用一个词表达一整篇神话的语言”。[53] 所以，神话主题是神话叙事的基本单位，不仅综合了某一篇神话的展开过程，也凝练地包含了神话思维本身的所有本质结构。神话主题之于神话思维，就如同微观世界之于宏观世界。

如果我们从其在心理领域中的“原型”功能来思考神话主题，那就能更好地理解神话主题作为（被理解为创世本体的）“象征”化身的角色。从荣格阐发的深层心理学（Depth Psychology）角度出发，神话可以解读为这样的结构：被掩藏的、不可言说的维度能够通过它浮现出来——尽管只是局部——同时又不会被捕捉或利用。按照荣格的看法，这个不可言说的维度是一个万花筒，里面是寓于集体无意识之中的原始心理力量。这种无意识力量同时处于人清醒时的语言理性之内

52　C. Kerenyi, Prolegomena, in C. G. Jung and C. Kerenyi, *The Science of Mythology*, London: Routledge, 2002, p. 3.

53　参见列维-斯特劳斯对神话主题的讨论：Lévi-Strauss, *Structural Anthropology*, vol. 2, translated by Monique Layton, New York: Basic Books, 1976, p. 144。

和之外，而且是理性语言得以发生的必要前提。荣格所认为的通过神话浮现出来这些无意识力量，以一种类似于魔法视角的方式，其实正是生命本身不可言说的真相穿过语言的罗网浮现出来的最早迹象。还是按照荣格的看法，这些迹象是作为一系列基本原型——本身就蕴含了全部神话叙事的高度象征性的形象——浮现出来的。作为荣格所说的原型，神话主题是神话实际作用过程当中的象征。

154 但讲到此处，我们必须讨论一个愈发迫切的话题。按照卡西尔的看法，象征与神话指的主要是一种人类对世界的情感性认识，因此本质上是一种认知功能。在荣格看来，它们与集体无意识的最深层基础有关，因此本质上应该理解为心理要素。伊利亚德和大部分古代社会的看法则恰恰相反，对他们来说，象征与神话起源于心理之外，可以在一个真实赋予世界生机的神圣维度中找到——因此，它们真正的位置是在形而上学之内。我们要如何协调这些不同的立场，如果协调是可能的话？换句话说，在魔法宇宙大厦中，我们应该将神话主题和象征理解为纯粹的心理实体，还是理解为享有独立存在形式的物？

在这里，我们要再次向苏菲派思想家伊本·阿拉比求助，尽管这一次是通过亨利·科尔班在两篇文本中对其神秘主义哲学提出的复杂——而且应当承认，有时不无个人发明——的解读。[54] 科尔班发展了伊本·阿拉比的“想象界”（*alam al-*

---

54 H. Corbin, *Alone with the Alone: Creative Imagination in the Sufism of Ibn 'Arabi*, Princeton, NJ: Princeton and Bollingen, 1998; Henry Corbin, *Mundus Imaginalis or the Imaginary and the Imaginal*, in Spring 1972 (Zürich) pp. 1–13, originally in *Cahiers Internationaux de Symbolisme* 6, Brussels, 1964, pp. 3–26.

mithal，科尔班称之为 *mundus imagnalis*）的概念，想象界是一个本体论意义上真实的"大地之外的所在"，处于宇宙最难接近的维度与可以通过推论理性及感官认识的维度之间。作为中间地带的"想象界"承载着由寓于象征语言形式之中的、不可言说的精神所产生的原型，同时又为象征形式本身提供了本体基础。因此，想象界既是一项心理的、人类认知的功能，同时也是处于一种特殊宇宙论之中的合法本体元素。

为了说明这个中间世界的本体论与独特功能，科尔班考察了十二世纪波斯哲学家苏赫拉瓦迪的一篇诺斯替式启入故事，名为《红色大天使》（The Crimson Archangel）[55]。故事讲述了一次去往和越过戛弗山的旅程，戛弗山是"一座宇宙山，峰连峰，谷接谷，由众天界所组成，众天界彼此包含"。[56] 戛弗山不是一个存在于寻常大地上的地方，但也不是纯粹的臆想；这座宇宙山存在——真切地存在——于"无处乡"（*Nâ-Kojâ-Abâd*）中，一个苏赫拉瓦迪本人杜撰的新词。因此，穿越无处乡的旅程发生在想象界层面；那是一次真实的旅行，既发生在大地之外，同时又有坚实的本体基础。

155

无处乡指的不是一个形状像没有空间外延的点一样的

55　参见 *The Red Intellect*, in Sheikh S. Suhrawardi, *The Mystical and Visionary Treatises*, translated by W. M. Trackston Jr., London: Octogon Press, 1982, pp. 35–43。关于这一故事的深入解读，参见 *Il 'Racconto dell'Angelo Imporporato' e le Gesta Mistiche Iraniche*, in H. Corbin, *Nell'Islam Iranico: Sohrawardi e I Platonici di Persia*, Milano: Mimesis, 2015, pp. 237–84。

56　H. Corbin, *Mundus Imaginalis or the Imaginary and the Imaginal*, in Spring 1972 (Zürich) p. 2.

东西。在波斯语中，*abâd* 的意思是城市，有人居住的发达区域，所以是一块广阔的地方……从地势来看，这个区域的起点是第九重天“诸天之天”，也就是包含着宇宙整体的“天”的“凸面”。这意味着，从离开定义了我们的世界中（或者说，在我们的世界这一侧）一切可能方向的“极天”的那一刻，我们就进入了无处乡……显然，一旦越过了边界，“在何处”（*ubi*，*kojâ*）这个问题就失去了意义，至少是失去了它在感官经验领域内的意义……毫无疑问，与同质均一空间内的情况不同，这里涉及的不是从一处移动到另一处，不是身体的换位……它本质上是向内走，要穿透到内部。但矛盾的是，到达内部以后，我们就发现自己处于了外部，或者用作者的话说，在第九重天的“凸面”上，也就是“戛弗山外”。究其本质，这是外在、可见、显白（希腊语中叫 *ta exo*，阿拉伯语中叫 *zahir*）与内在、不可见、隐微（希腊语中叫 *ta eso*，阿拉伯语中叫 *batin*）之间的关系，或者是自然界与精神界之间的关系。离开“在何处”，也就是 *ubi* 的范畴，等同于离开包裹着隐秘内在真实的外在或自然表象，就像果壳包裹着杏仁一样。对陌客、对诺斯替主义者来说，这一步代表着回家，或者至少是回家的方向。[57]

156

科尔班对“无处乡”的位置，以及它是一个可以回到的

57 H. Corbin, *Mundus Imaginalis or the Imaginary and the Imaginal*, in Spring 1972 (Zürich) pp. 3–4.

"家"的看法进一步澄清了我们现在对魔法创世论第三本体的描述，尤其是帮助我们将象征维度理解为一个真实的、活跃在魔法宇宙论的所有后续层次中的"地方"。在魔法实在体系内，神话主题不能被贬低为仅是认知或心理机能，它们真实地生活在想象界中，而想象界本身又是一个具有合法本体论地位的、处于语言与不可言说之间的维度。它的特点是抗拒被托喻语言所理解，同时能够容纳整个象征形式的维度。魔法实在发展到这个层级，世界仍然处于一个中间阶段，用四世纪异教哲学家撒路斯提乌斯的话说："人们可以将世界称作一个神话，其中肉体和物是可见的，但灵魂和心智是隐藏的。"[58] 重要的是，随着魔法创世的演进，世界达到了一个界定更清晰的状态，类似于我们所知道的日常现实——但中间阶段没有被否认或克服，而只是被其他更加"外在"（*zahir*）的层面所补充。这意味着，在魔法创世的任意一个后续阶段，在魔法实在的任意一个点，想象界这个维度都保持着完全的活跃、力量和存在。当然，前面引用的一段恩斯特·卡西尔的话中描述的诗人们早已熟知这一点。然而，魔法实在似乎将诗人的特殊处境推广为一种完全正常的状态——也就是最准确地理解这一具体实在体系内的世界的状态。尽管在后面两个本体中我们会进一步远离创世的本原，也就是作为生命的不可言说者，但每一个"语言"存在物——也

157

58　Sallustius, *On the Gods and the Cosmos*, III, *Concerning Myths*, translated by G. Murray, in G. Murray, *Five Stages of Greek Religion*, New York, NY: Dover Publications, 2003, p. 192. 撒路斯提乌斯是公元四世纪的罗马异教哲学家和神学家，尤利安皇帝（后来被称作"叛教者"）的朋友，著有论文《论诸神与宇宙》。注意不要与同名的公元前一世纪罗马历史学家混淆。

就是一切适合通过语言来理解和表达的东西——依然内在地保有一个中间维度，在这个维度中它作为不可言说者的象征起作用。魔法实在体系建构过程的每一个层级都存留于之后的所有层级中，同时也沉睡于之前的所有层级中。

第四本体：意义

在前一个本体中，我们看到了从不可言说者中流溢出来的语言要素是如何按照一种象征形式组织起来的，从而不可言说者既能与语言共存，又能赋予语言生命力，让自己的光穿透语言。我们还考察了"象征"本体的原型化身"神话主题"：能够用区区一个象征的压缩空间表达一整个神话的最小语言构造。

第四本体继续着这个过程：从作为生命的不可言说者这一本原中流溢出一个愈发语言化的世界。这条创世之流遵循着将生命保存在每一个语言建构中的规范诫命，将语词装扮成可以让不可言说者透过的窗户。但来到了这个层级，我们就越出了单个语言建构的原子化单位，转而关注它们在完整"句子"中的句法联系。句法必然会随着语言出现。此处要谈的不再只是语言与不可言说的关系，而是随着意义在更大的句法组合体中出现后，将意义包括在内的更复杂的公式。但在这里才提出意义问题或许会令人惊讶，好像意义问题不适用于前面的本体似的。单个象征难道没有"意义"，也就是它反映的不可言说者吗？意义难道不是适用于语言的所有层级吗？

我们可以通过考察一种特殊的语言理论来解决这个问题，

该理论与我们现在对魔法自身实在体系的探讨有一些共鸣——尽管也有一些保留。正如我们阐述第一本体时考察了商羯罗的吠檀多不二论一元体系，我们现在要回到印度，但这一次是回到公元五世纪到六世纪之间。我们这里要求助的思想家是与语法学家伐致呵利（Bhartrhari）[59]，印度传统中波你尼（Panini，约公元前五世纪）和波颠阇利（Patanjali，公元前二世纪）[60] 等语法学家一脉最伟大的语言哲学家之一。与两位声名赫赫的前辈一样，伐致呵利的生平细节笼罩在不确定性当中，尽管他的思想遗产在其巨著《字句论》（*Vakyapadiya*）中完整流传了下来。伐致呵利的哲学与术语表极其复杂，不可能在短短篇幅中全面介绍其整个体系。但讨论他的一些关键概念用于澄清现阶段魔法构建实在与世界的“意义”问题，那还是有可能的。伐致呵利思想的核心观念是：要想把握语言的本质，我们就一定要考察语言在句子层面发挥的功能，而不是专注于单词或词素。这种观念的背后是一种愿望，即不仅要依据其内部机制来理解语言，更重要的是要依据其与意义的关系。按照伐致呵利的看法，句子才是语言真正表达意义的层次，而单词或词素只是一个句子的语义单位的抽象切分方式。句子是由单词构成的，但不能归约为任何一个词，正如单词不能归约为组成单词的任何一个

158

59　关于从传统哲学和现代哲学两方面对伐致呵利思想可能解读方式的多方探讨，参见 M. Chaturvedi, *Bhartrhari: Language, Thought, and Reality*, Delhi: Motilal Banarsidass, 2009。本书采用的解读方式主要基于 B. K. Matilal, *The Word and the World: India's Contribution to the Study of Language*, Oxford: Oxford University Press, 2014。

60　关于梵语语法学家 / 哲学家传统的综述，参见 J. F. Staal, *A Reader on the Sanskrit Grammarians*, Cambridge, MA: MIT Press, 2003。

音素。伐致呵利将一个句子表达的意义称为“常声”(*sphota*),这是一个复杂的术语,伐致呵利的一大部分思想体系就是围绕它建立起来的。“常声”在此处的含义被当代学者比马尔·克里希纳·莫蒂拉尔(Bimal Krishna Matilal)描述为:

159

> 真正的基体,真正的语言单位,等同于语言的意义。语言不是意义的载体或思维的传送带。思维锚定了语言,语言也锚定了思维。*Shabdana*,“语言着”就是思维着;思维通过语言“振动”。按照这种看待事物的方式,语言单位与它的意义,或者它传达的思维之间不可能有任何本质区别。常声指的就是这个无分的语言–原理。[61]

在伐致呵利看来,一个句子表达的意义“常声”将自身呈现给我们的心理感知的方式,是作为由构成实际发出的字句序列的声音或字符(伐致呵利称之为“气音”,*nada*)所激发的一闪念(*pratibha*)。于是,意义与实际发出的语言,常声与气音,似乎是两个不同的东西。但伐致呵利不这样认为。在最根本的层面上,语言和意义密不可分,以至于彼此重合。按照伐致呵利的看法,不仅感知行为本身实质上是一种语言行为,而且世界的构成本身也是语言–原理的产物。伐致呵利很快就阐发这一论点,直抵其形而上学结论,尤其依据其哲学的印度教特色。尽管伐致呵利并不信奉吠檀多不二论,但两者都有类似

61 B. K. Matilal, *The Word and the World: India's Contribution to the Study of Language*, Oxford: Oxford University Press, 2014, p. 85.

的一元论（即非二元论）态度。他认同商羯罗一派的一种看法，即世界本质上是梵，梵本质上是意识。但他补充道，意识和思想本身其实不过是语言，世界本身也不过是一种普遍的语言构造。在伐致呵利看来，这就能推出一点：梵和语言必然是同一的。伐致呵利将这个作为语言的梵，“语梵”，定义为“永恒的词语”，*eternum verbum*。这便是伐致呵利语言哲学的一元论特色。

我们暂且从伐致呵利的体系往后退一步，将他的形而上创造与前面在魔法实在体系第一本体小节中讨论过的，伊本·阿拉比提出的 *tajalli*（绝对者的自我显现）阶段的分化做一比较。读者可能还记得，伊本·阿拉比指出，在创生了整个实在和世界的绝对者流溢链条的最初环节中，不可言说的第一原理如何位于一切显现形式（*tajalli*）之前。借用井筒俊彦对伊本·阿拉比的研究中的一个词，这就是我们所说的“不显”（non-*tajalli*）。只有到了下一个阶段（*hadrah*），绝对者才开始显现自身，从而开启了真正的显现链条。类似地，我们在描述魔法创世论时将语言的出现放在了第二本体的层级，而第一本体本身是完全不涉及语言的。甚至仅仅是为了能够谈论第一本体层级中不可言说者的化身形式，我们都不得不引入“奇迹”的概念：之后的本体对不可言说者的回望事件。考虑到这些限定条件，我们就能看到伐致呵利的“常声”概念，以及句子具有表征优先性的看法何以与目前讨论的本体特别有共鸣。与伐致呵利一样，魔法体系也认为世界和语言有一种共生关系。没有语言，世界就不会存在，构成世界的“物”（包括作为最大的“物”的世界本身，以及所有单个的存在物）就不能以差别、独特的

160

形式浮现出来。与吠檀多不二论相反，魔法挽救语言的合法性，认为语言不能被贬低为仅是“泡影”或“无明”。然而，伊本·阿拉比和魔法体系都会指出，这种情况只有从第二本体开始才成立，也就是从“显现”启动的那一点。不可言说者一开口，语言就作为世界的本质出现了。然而，按照穆拉·萨德拉的存在优先论，存在本身早在开口这个动作之前就有了，不受语言触动。在魔法中，世界也是作为语言浮现的——但不能归约为语言。魔法对两种一元论都是拒斥的：吠檀多不二论的不可言说一元论，伐致呵利的语言一元论。伐致呵利的句意理论贴合魔法实在体系（事实上，它能够解释魔法第四本体的机制），但条件是不去触碰原初的第一本体，作为生命的不可言说者。

161 有限定地吸取伐致呵利哲学中的一些方面并将其应用于魔法的第四本体（“意义”）上，其实就相当于论述了象征句法的地位与角色。正如伐致呵利所指出，意义不是由任何一个原子语言单位——不管是单词还是词素——表达的。不可言说者浮现为“常声”需要以句子为框架。因此，我们认为魔法世界的建构单位是象征形象，尤其是象征形象的化身，即神话主题。象征和神话主题本身都是压缩的句子，因为它们超出了属于托喻形象（按照其他人包括歌德的解读）的原子化分类功能。象征作为一个特殊的框架起作用，不能归约为构成象征的原子要素；它不能归约为符号，不管是语言还是非语言的符号，也不能归约为它的直接指称。因此，象征更接近伐致呵利的“句”概念，而非“词”概念。事实上，象征自己是有内在句法的，尽管极其复杂，以至于很难发现。但第四本体希望将象征语言的范围向前推进一步。尽管象征已经表现得像微型句子一样了，能够将不可言说者作为象征的常声显现出来，但象征也有可能孕育出更丰满的、由多个象征组合而成的句法，就像多个句子组合成故事那样。毋庸多言，这一象征句法观对诗歌理论同样有着重要的意义——尽管我们在目前的探索阶段不会深入探讨这个话题。

因此，第四本体探究的是：象征的特定组合是如何生成意义的，就像神话主题的组合生成更宽广的神话故事那样。因为我们正在朝向魔法流溢链的黄昏前进，所以在进入更宽广的意义和叙事的同时，不可言说之光穿过越来越不透明的语言框架后也在削弱。再用一次苏菲派的玻璃比喻，当我们向第五个，也是最后一个本体前进时，不可言说之光要穿透的玻璃板越来越厚了。在此之前，我们主要还是从不可言说者自身来考察它，而到了这里，它被转化为“意义”的形式：揭示梵的常声。因为第一原理能量的衰退，一系列新的执念现在进入了魔法实在。一方面是将世界的字面维度误以为世界“真相”的危险；另一方面从前一方面引出，是着重将这些越来越厚、越来越复杂的语言构造物反过来加到语言构造的本质，也就是象征上面。这两种执念表现在第四本体“意义”的两个主要特征中：首先是规范意义的“对应律”；其次——但重要性并不亚于前者——是“中心”的概念，它在这里承担的角色是第四本体的原型化身。 *162*

对应律是一个有数千年历史的赫尔墨斯主义概念，最早真正给予其表达和理论阐述的文本是极其简练的公约《翠绿石板》(*Emerald Tablet*)，传统观点认为作者是赫耳墨斯·特里斯墨吉斯忒斯（Hermes Trismegistus）。[62] 要论历史与传统之间深不可测的相互纠缠，未曾有甚于赫耳墨斯·特里斯墨吉斯忒斯者。《翠绿石板》最早的文本依据是十世纪阿拉伯文著作《众秘之秘》（*Kitab Sirr al-Asrar*，又名 *Secretum Secretorum*）——后者本是一部译作，由九世纪叙利亚著名学者阿布·叶海亚·伊本·巴特里克（Abu Yahya Ibn al-Batriq）从更早的一部叙利亚文著作译出，后者又被认为是希腊文原文的译本。然而，赫耳墨斯·特里斯墨吉斯忒斯形象本身是希腊化时代糅合希腊与埃及宗教的产物，相当于将希腊神祇赫尔墨斯与埃及神祇托特合而为一。有意思的是，有一批传统上会归到托特身上的创制与行为正适合放在本节涉及的魔法实在体系发展阶段，尤其是书写技艺（据柏拉图《斐德若篇》记载）和魔法技艺的仪轨实践。《翠绿石板》由十四小段组成，其中前两段在这里特别有意义。伊萨克·牛顿爵士的炼金术笔记中有《翠绿石板》的译文，其中对应律如下：

1. 以下是无误的、确实的、最真切的真理。

163

2. 在下的如同在上的，在上的如同（*est sicut*）在下的，成全唯一者的奇迹。[63]

对这些晦涩话语的解读吸引着千百年来的哲学家、神学家

---

62 关于传统上认为作者是赫耳墨斯·特里斯墨吉斯忒斯的文本全集，参见 VVAA, *Corpus Hermeticum*, edited by A. D. Nock and A. J. Festugiere, Milano: Bompiani, 2005。

63 Hermes Trismegistus, *The Emerald Tablet*, translated by Sir I. Newton, CreateSpace, 2017.

和炼金术士。我们不必加入这场不休的争论，可以只从魔法创世论的角度来考察这段话，尤其是赫耳墨斯·特里斯墨吉斯忒斯制定的对应律如何有助于澄清第四本体“意义”与前三个本体之间的关联。对应律提出，越走越远的语言建构产物（“在下的”）可以解读为与其最初的、距离本原不可言说者较近的形式（“在上的”）具有本质联系，反之亦然。如前所述，在魔法的视角下，人就是象征，象征就是人。类似地，象征可以算作句子（按照伐致呵利的描述），句子可以算作象征。此外，不可言说者将自身呈现为语言的意义，意义也将自身呈现为语言的不可言说。

在下一章，尤其是关于拯救观念的一节中，我们会更深入地了解对应律的一大关键，即上下对应是如何推演出“如同”（《翠绿石板》拉丁文译本中的 *est sicut*）关系的。我们眼下还是专注于对应律引入魔法实在建构之内的规范性层面。随着初始原理不可言说者力量的减弱，它的流溢能量也越发被公开规范维度所补充和取代——在此之前，规范维度还是不必要的。我们在技术实在体系中也注意到了一个类似的过程；当我们远离一个宇宙体系的原动力时，曾经从第一原理直接流溢出来的东西逐渐变成了一套规范律令的固化形式。于是，对应律在魔法实在内部是发号施令的原理，按照它的要求，增殖的语言建构在接下来创造魔法世界（也就是世界本身）时必须坚持“服从”赋予其生命力的不可言说者。换句话说，当死的语言元素用自己越来越紧包裹住赋予其生命的原初生命时，裁剪语言这层外衣，守护外衣里面的活元素就越发重要。按照麦克斯·施蒂纳

164

的看法，“唯一者”与它的“诸名”之间也是同样的“所有物”关系，这一关系贯穿整条魔法流溢链，链条上的每一个本体都属于唯一者，必须回到作为生命的不可言说者，万物最初的所有者。

翻译成不那么抽象的语言，这意味着在魔法实在内部，不可言说者既贯穿它直接创造出来的、在世界中作为“象征”的、个体的“人”，也贯穿人接下来在作为“意义”（常声）之场的社会领域中创造出来的复杂语言结构。归根到底，魔法实在体系内的一切事物都是象征：个体自我是，每一个被定义的物是，还有——更重要的——更大的叙事集合体也是，从一个人自身的存在叙事到社会结构和社会制度。因此，第四本体主管遍布世界的象征形式的每个组成方面的增殖过程。于是，按照自己对于“作为生命的不可言说者”的理解，魔法实在体系颁布律令，规定生命要一直流淌于文化与社会机体中最狭窄的毛细血管。身处其语言建构的世界中的每一个人，都有创造各种各样的可能语言建构物的千变万化般自由，但即便在这里，语言永远不可自我闭合的律令依然成立。永远不要将“物”归约为它的语言维度，要永远让物对自身不可言说的维度——说到底，这个维度就是贯穿万物的那同一个“作为生命的不可言说者”——保持开放。

用一个更简洁的公式来表达这一概念，我们可以说，魔法创世的每一个层次的产物（目前为止包括人、象征和意义——因为不可言说者本身处于不显现的状态）总是被构造为“世界的中心”。我们还可以说，魔法创造其自身之实在与世界的最重

要特征，或许就是这个将一切实体转化为“中心”的过程。事实上，中心这一形象可以被认为是当前阶段本体的原型化身。 165

但是，魔法实在体系中的一切都是“世界的中心”，这句话到底是什么意思呢？米尔恰·伊利亚德[64]对“中心”这一象征做出了特别深入的分析，他对这个概念的解读会帮助我们认识这一魔法宇宙大厦的重要方面。在他的几部著作中[65]，伊利亚德探讨了古代社会中“中心”概念的宗教、哲学和文化重要性。在这个过程中，他详细展开阐述了这一概念的主要构成方面，以及它在从形而上学到礼仪再到建筑等领域中最典型的体现。在《永恒回归的神话》一书中，伊利亚德对自己关于中心这一象征的结论做了有用的归纳。

> “中心”的建筑象征主义可表述如下：
>
> 1. 圣山——天堂与凡间交汇之处——位于世界中心
>
> 2. 每座神庙或王宫——以及神庙的延伸圣城和王宫的延伸都邑——都是一座圣山，于是变成了一个中心
>
> 3. 作为世界的轴心（*axis mundi*），圣城或神庙被视为天堂、凡间、地狱的交汇点……
>
> 宇宙山的顶峰不只是凡间的最高点，也是其肚脐，是

---

64 但是，我们同样应该提到勒内·盖农关于中心这一象征的著作，尤其是 *Symbols of Sacred Science*, Hillsdale, NY: Sophia Perennis, 2004, pp. 8–17 和 *The Symbolism of the Cross*, Hillsdale, NY: Sophia Perennis, 1996, pp. 127–32。

65 例如参见 M. Eliade, *Patterns in Comparative Religion*, Lincoln, NE: University of Nebraska Press, 1996; *The Myth of the Eternal Return: Or, Cosmos and History*, Princeton, NJ: Princeton University Press, 1991; *Images and Symbols: Studies in Religious Symbolism*, Princeton, NJ: Princeton University Press, 1991。

> 创世开始的地方。……《梨俱吠陀》(*Rg-Veda*)(如第十卷第149节)认为宇宙是从一个中心点延展开来的。按照这一创世论,人同样是在一个中心点,在世界的中心被创造出来的。[66]

166

伊利亚德在巨著《神圣的存在:比较宗教的范型》中进一步刻画了"中心"的概念:

> "中心"这一象征容纳了多个不同的观念:宇宙各界的交汇点(连接地狱与凡间的通道,参照本书第79节讨论雅各语境中的"伯特利"[bethel]);圣显之处,因而是真实的所在;终极的"创生"之地,因为一切实在以及之后一切能量和生命的源泉在这里。事实上,宇宙论传统甚至会用借自胚胎学的语言来表达中心这一象征。[67]

伊利亚德著作的一大精彩之处是广泛吸收世界各大传统,引用的语句和例子极其丰富。可惜本书篇幅有限,不可能在给出伊利亚德的结论以外附上他列举的大量人类学素材。但我们至少可以从伊利亚德的分析,以及当前构建魔法创世论与宇宙论的整体大厦的任务两处着眼,对"中心"这一概念的相关形而上学层面做一展开。与大多数古人的思维方式一样,中心是一个结合了仪式、形而上学和建筑学层面的概念。神庙或圣所

66 M. Eliade, *The Myth of the Eternal Return: or, Cosmos and History, Princeton*, NJ: Princeton University Press, 1991, pp. 12 and 16.

67 M. Eliade, *Patterns in Comparative Religion*, Lincoln, NE: University of Nebraska Press, 1996, p. 377.

专门建在被认为是世界中心的地方（比如德尔斐围绕着的“翁法罗斯”[omphalos] 石，这块圣石被视为世界的肚脐），但与此同时，某个地方之所以被选为“中心”，正是因为它被定义为圣地。这样的循环也体现在一个看似矛盾的事实上：“中心”不止有一个，数也数不清，而且潜在地有无穷多个。根据伊利亚德的分析，每一处圣地都是一个中心，原因正是神圣性赋予了它每一个“中心”的必要属性：被世界的轴心，也就是连接着天堂、凡间、地狱的中轴线穿过的地方。因此，神圣化与“中心化”似乎结伴而行，以至于每一座按照适当仪式修建的房屋或城市本身都可以，也应该被视为世界的另一个中心。[68] 因此，中心概念根植于神圣性，而神圣性又体现于连接世界多个维度的轴心形象。对本书关于魔法的论述来说，伊利亚德的直觉反映了贯穿整个魔法实在的规范律令的根本性质。每一个本体，以及魔法世界中存在的一切都被建构为一个中心，因为它必然总是被一条连接不可言说者与存在的语言维度的“轴心”贯穿。由于技术实在中没有任何真正的“多”—— 以至于如前所述，实在直接被技术废除了 —— 所以无需有这种连接，而魔法第四本体揭示了“中心化”律令如何贯穿整个实在体系，作为实在体系的组织与建构原理。

167

这里提到神圣性同样是合理的，尤其是如果我们将神圣理解为德国神学家鲁道夫·奥托（Rudolf Otto）所定义的“努秘”

68 参见 *The 'Construction' of the Sacred Space*, in M. Eliade, *Patterns in Comparative Religion*, Lincoln, NE: University of Nebraska Press, 1996, pp. 371–4。

(numinous)。按照奥托的看法[69]，作为努秘的神圣是“一个令人恐惧又着迷的奥秘”(*mysterium tremendum et fascinans*)：一股同时吸引和排斥着见证者的力量，同时又被掩蔽在自身不可言说的维度中。但在魔法实在中，神圣空间将自身呈现为典范空间本身。如伊利亚德所说，作为圣地的中心是一个“圣显之处，因而是真实的所在”。类似地，在魔法世界内，完整的本体论合法性——成为完全的“实在”的可能性——只授予被作为中心而建立的实体，也就是被不可言说的生命贯穿的实体。因此，技术宇宙论中的大部分造物在魔法实在中找不到任何本体论合法性，因为它们体现了绝对语言的结构原理。比如，在魔法看来，作为处理器的个体，或者纯粹作为“生产备用仓库”的实体这两个概念仅仅是幻想，而且是死的幻想。任何实在体系的规范面向都要同时涉及创造与毁灭：它是让一些物可以在实在体系内出现，又否认另一些物存在的基础。就魔法而言，“意义”与“噪声”之间的界线是根据实体的“活性”来划定的：因此，技术的大部分本体造物在魔法实在体系中都找不到任何位置。对当前生活在技术体制下的个体来说，这就构成了一种既令人着迷，又令人恐惧的号召，号召他们重建自己的实在。不是所有东西都能从一个体系迁移到另一个体系，而且——举个例子——突然发现非人实体、无生命的物、非物质的象征都具有一个生命维度，这可能会引发一种深不可测的奥秘感，一开始或许难以接近。类似地，公认的社会制度一下子成了绝对

168

69 参见 R. Otto, *The Idea of the Holy*, Oxford: Oxford University Press, 1958。

的非实在（它们甚至不再具有习俗意义上的实在性），面对这种状况，那些将自己整个世界上的在场都投入到这些制度上的人可能会反感。每个圣地四周都有一道边界——在一些神话传统中是宝藏周围的守护者或迷宫——并非所有东西都能越过这道屏障。

第五本体：悖论

现在，我们来到了魔法创世流溢链条的最后一个本体。魔法实在于此最终成型，第一原理——作为生命的不可言说者——的初始力量也终于耗尽。与技术的最末实体一样，这相当于创世之力日落西山，但也是创世之力完满呈现的时刻——考虑到整个过程即将从头来过。

在前面三个本体中，我们考察了它们从不可言说的第一原理渐次流溢而出的创世奇景，其间语言维度越发厚重。随着流溢的变强，流溢的本原也开始显得越发微弱。于是，我们理解的流溢过程类似于喷泉，喷水口最终被水流留下的水垢所堵塞。但在第五本体的层次，这种对魔法创世流溢过程的认识一下子被推翻了。尽管不可言说者的生命力最终淹没在了语言的海洋之下，但魔法解决了自身创世力量衰竭的问题，方法是将表面上的流溢过程实际上表现为一种自我显现的形式。魔法的创世演进不是一条从最初的源头流出的河，反而在当前阶段显示为初始原理的逐步自我显现——一个本体接着一个本体，一次揭开接着一次揭开。换句话说，第五本体没有将自己的落日余晖

169

表现为不可言说的本原被语言扼杀的结果，而是表现为不可言说者之圆满的显现——这种圆满总是已经包含在语言之中，作为它本身的一部分。按照这一层次提供的视角，语言一直沉睡在不可言说者之内，但只有到了这个阶段，它才在其真正的宇宙位置中被最终揭示。技术的绝对语言原理将自己最后的障碍转化为整个过程的证成——以“可能性”的形式——达到了移花接木的效果，而魔法体系也是一样，它用一曲创世挽歌重申了语言是不可言说之内的一个维度。同理，魔法体系还宣称死亡发生于生命之中，因此生命表面上被自己生成的死物压到窒息，其实这正是生命自身的内在动力。最后突然发生的这次反转解释了魔法的第五个也是最后一个本体的定义：悖论。

在前一个本体中，我们考察了“对应律”原理是如何规范“意义”的。而对于现在论述的“悖论”，我们可以认为它的根本原理是“对立统一”（*coincidentia oppositorum*，该词最早由十五世纪德国神学家库萨的尼古拉［Nicolas of Cusa］在1440年的《论有学识的无知》［*De Docta Ignorantia*］一书中创造[70]）。对立统一在炼金术理论以及几乎所有隐微传统中反复出现。达到理解对立统一的境界往往就是隐微和炼金术“工作”（opus）的顶点：对那些在语言世界中追索不可言说者，或者在世间纷繁显像中寻求隐情，却只会发现最终不可言说者总是已经在语言本身之中的人来说，这个境界就是“工作”（work）的成果。从这个角度看，伐致呵利的“语梵”理论的意义也更

170

70 Nicholas of Cusa, *Of Learned Ignorance*, New York, NY: Hyperion Press, 1979.

加完整和清晰了。悖论的机理是“合解”（resolution through integration），正如可能性概念在技术世界内的机理是“仿解”。

但两个对立的原理怎么可能存在于共在（compresence）与结合（integration）的状态中呢？这难道不是赤裸裸地违反了无矛盾律吗？而且，为保存实在计，两个对立面的统一（比如存在与本质）难道不会带来另一次实在本身可能性的崩塌吗？对这些问题的回答本身就是悖论性的。“悖论”（paradox）一词出自 *para-doxa*，意思是不同于通行观点，也就是说，不同于一切可以像传达观点一样被传达的东西。[71] 我们在下一章（关于“启入”一节）中会看到，悖论性的理解只有通过一种仅部分能被描述性语言把握的“直观领悟”（direct apprehension）才能达到。然而，与任何不可言说者一样，虽然托喻语言不能表达这样无法传达的对象，但我们依然有可能通过象征语言“指向”它。沿用讨论前面几个本体时所用的建筑学隐喻，我们可以通过指向罗马拱这一建筑技艺，来暗示上述形而上学悖论的本质。 171

71　关于悖论形式的特殊价值，参见帕维尔·弗洛伦斯基对奥利金“基督再临”理论（到了那时，就连受诅咒者也会最终得救）的评论：“如果你问我：会有永罚吗？我会回答：是的。但如果你问我：会有荣福中的普世重整吗？我会再次回答：有……面对悖论，我们需要信仰，因为悖论不可能屈服于理性。悖论既是也是不是，而这正是其宗教意义的最好证明。”（P. Florensky, *La Colonna e il Fondamento della Verita'*, Milano: Rusconi, 1974, p. 309）另见马西莫·卡奇亚里（Massimo Cacciari）对帕维尔这些话的评论：“思考终末必须用悖论的方式，它远远不只是一个符号……它或许代表着这门‘宗教’深刻的反宗教形式的符号。它承诺的得救不能通过任何一种方法，或者任何一条明确可预测的道路来实现。……它的真理不能按照常规定义。……任何将它理性化——也就是明确化——的尝试都是对它的背叛。它一直隐藏在一切存在维度无条件沟通和分有的纯粹可能性中——那是超越一切存在限定的和谐，就像柏拉图的善一样。”（M. Cacciari, *The Necessary Angel*, translated by M. E. Vatter, Albany, NY: SUNY Press, 1994, p. 82.）

罗马拱是当时建筑学革命的重大成就之一，它由多块堆成半圆形的沉重的实心石块组成，不仅石块之间能达到平衡，还可以承受上方施加的重量。每个石块本身都需要坚固支撑才能承受住自身重量。但石块堆成半圆形的罗马拱时，每个石块的重量恰好能抵消其他所有石块的重量。重上加重，反得轻盈。一条原理是通过它的对立面达成的，仿佛对立面本来就包含在同一之中。魔法的第五个也是最后一个本体的原理表现出的悖论结构正是如此。[72]

这里的关键在于，对立的力量与原理能够以悖论的形式共存，不是彼此消灭，而是相互结合。当然，这并非多元，而是对立统一——关键词是“统一”（coincidence），与“不同”和“同一”都不一样。在罗马拱的结构中，对立的重实现了整体的轻，不是因为每一块重物都是同一的（那样的话，重量只会越加越多），或者仅仅彼此不同（那样的话，每一块就都需要专门支撑），而是因为它们“降落在一起”，也就是拉丁文 *co-incidere* 的本意。它们的“降临”——诺斯替派经常用这个词来指代世间存在[73]——是同时的，因此构成了同一件事。然而，它们虽

72 不妨与苏菲派修炼路径的最终阶段“永存”做一比较。井筒俊彦解释得很好：“在湮灭阶段，假我或者说相对的自我彻底化为虚无。在下一个阶段［永存］中，人从虚无中复活，彻底转化为绝对的自我。外表看起来，复活的还是同一个老人，但他已经超越了自身的限定……复数性的世界及其无限丰富的色彩再次出现。但是，因为他已经抛去了自己的限定，所以他感知到的复数性世界也超越了一切限定。这幅新的世界图景就好比一滴水突然觉醒，明白了自己作为一滴个别的、自存的水的状态只不过是它施加于自身的虚假限定时看到的世界图景。”（T. Izutsu, *The Concept and Reality of Existence*, Petaling Jaya: Islamic Book Trust, 2007, pp. 16–17.）

73 关于诺斯替派宗教与哲学的分析，参见至今仍未被超越的 H. Jonas, *The Gnostic Religion*, Boston, MA: Beacon Press, 1963。

然构成了同一件事，但作为个别实体，也有各自的个性。在魔法实在中，发生与存在不是相同的概念，尽管两者“降落在一起”：语言的在场和不可言说的存在是统一存在的不同面向，但又“降落在一起”，构成了统一的存在。这种恰如其分的悖论表述的典型例子就是“圣显”，在伊利亚德看来，圣显在凡间打开了一个神圣的维度。这里应当重复一遍伊利亚德那段简短的话：

172

> 任何物都可以成为圣显，容纳神性，但同时又矛盾地分有它自身的宇宙环境（例如，神石和其他石头一样，毕竟还是一块石头）。[74]

圣显揭示了位于魔法第五本体，也就是魔法世界完成形式的核心的对立统一。神石既是神圣的，也是平凡的，正如耶稣基督既是神，也是人。应用到魔法世界的形而上学和伦理学中，这意味着世界不可言说的维度和语言的维度同样具有本体合法性。半圆形罗马拱一侧的轻要归功于对侧的重，轻和重是统一的，两者间的相互关系由中央的拱顶石加以协调。类似地，不可言说的轻盈要归功于语言的压力，两者是统一的，拱顶石则是魔法的总体形式。在这一视角中，“轻”就是“实在”本身出现的空间，一个世间存在、行动和想象既可能、又真切的空间。如果我们将魔法世界中悖论的轻，与技术世界中“可能性”的不可承受之重做一对比的话，便能够理解整个魔法创世事业

74　M. Eliade, *Images and Symbols*, Princeton, NJ: Princeton University Press, 1991, pp. 84–5.

的疗愈性了。技术的“可能性”企图通过不断外延边界来减轻自身承受的重量——于是有了对无限增长的贪欲——魔法的“悖论”则寻求通过内蕴和谐来解决这个问题。我们前面讨论过，本书要做的整件事的基础就是魔法对实在的重建所蕴含的疗愈维度——也就是设想和描述出另一种实在体系，不同于正在湮灭的被技术体制强加给世界的现有实在体系。于是，我们接下来要将荣格所理解的“自我”形象呈现为悖论的原型化身（尽管有所保留），以此结束对魔法创世的本体循环的论述，这是再合适不过了。

173

荣格的全部著作中反复出现自我这一概念。但在当前语境下，我们主要是从他在炼金术著作中阐发的角度来考察，见荣格著作集的第十三卷。在人生最后的十五年里，荣格用心研究了与赫尔墨斯主义和炼金术传统相关的象征体系与哲学。他对炼金术“工作”的解读有一个不可动摇的核心信念：炼金术文本所讨论的材料，应该理解为生活在个体与集体无意识深处的不可言说者的象征，或者说原型。我们在“何为实在?”一章中曾简短提及，荣格只关注心理的做法与本书对魔法实在体系的分析视角之间有着重要的区别。话虽如此，讨论不可言说的对象时，形而上学术语难免会有歧异（甚至会有实质性区别）。荣格将炼金术的对象理解为心理原型，提图斯·布克哈特等长青派思想家从新柏拉图主义的视角将其视为宇宙意识的机能，而本书希望在魔法的特定形而上学体系下，对炼金术的象征形式（包括荣格对这些形式的再阐发）提出一种解读。按照荣格的解读，属于隐微传统的象征指向自我的心理原型，而我们要考察自我的心理建构，将其视为指向魔法创世形式的原型。于是，我们会从魔法第五本体原型化身的角度来看待自我概念，也就是说，它是一个形象，不可言说与语言、存在与本质在其中终于实现了对立统一，同时它也是魔法创世之力死去和重新开始的地方。

明确了这些区别后，我们来看如何能够将“自我”解读为悖论的原型化身。按照荣格的理论，自我代表着心理整全的状态，意识功能与无意识功能“降落在一起”。因此，自我绝不是每个人天生就有的“给定之物”，而应该理解为一场艰难而宝贵的征途，只有通过心理最深层的艰苦努力才能达到——努力经过一系列阶段达到自我，重点是直面人心中的种种原型。在荣格看来，原型是“可以通过内省觉知的先验心理秩序的形式”[75]，而且“作为先验理想形式，既是被发现的也是被发明的：原型是被发现的，因为人本来不知道它们是在无意识领域中独立存在的，也是被发明的，因为原型的在场是从相似的概念结构中推出的”[76]。自我本身就可以理解为一个原型，然后又被多个象征形象所象征，从曼德拉草到炼金术的“哲学树”：“如果说曼德拉草是横截面视角下的自我的象征，那么树就代表着自我的纵剖面：作为成长过程的自我。”[77]

174

从魔法宇宙论的角度看，自我代表着形而上整合的状态，其中语言和不可言说“降落在一起”。当然，在魔法体系中，只要有语言就有不可言说这一点是永远成立的；此处真正有变化

75　C. G. Jung, *Synchronicity*, London: Routledge 2008, p. 140.

76　Jung, *Synchronicity*, p. 59.

77　C. G. Jung, *The Philosophical Tree*, in *The Collected Works*, vol. XIII, Princeton, NJ: Princeton University Press, 1983, p. 253.

的是，这两个原理出现在了凡世事件的层面（所以我们才用了诺斯替派意义上的“降落”，也就是进入凡世的方式。）在这一魔法创世的最后环节，不可言说者已经造成了一个完整的语言世界，凭借托喻语言的分类和描述手段，我们就可以畅游这个世界。然而，由于规范律令将一切语言表达构建为象征——同时也允许从属地位的托喻维度存在——不可言说者得以寓于它所创造的世界中的每一个微小角落。事实上，从最后一个本体的角度看，不可言说者之所以能够如此，是因为语言世界总是已经在存在的不可言说维度之内了——于是，迄今为止强加的严格规范性应该被视为不可言说者自身内在大厦的结构。

175

如果本书是由一位浪漫主义者或颓废主义者写的，那我们现在就可以断言，在这个阶段出现的世界只不过是诗人眼中的世界：确实，一片“象征的丛林”（forêt de symbole）。[78] 在魔法宇宙论的第一个阶段，语言沉睡于不可言说者的心中，这里则是不可言说者寓于每一个语言建构物的心中——不只是作为其潜能，更是作为一股让每一个可能性都获得现实形式的力量。这确实是一片丛林，但同样可以说是一座花园——循着一条从古巴比伦和古波斯，经过伊斯兰教什叶派，一直延伸到文艺复兴时期花园的传统。为了结束对序列中最终本体的讨论，并最后回望一眼完成形态下的魔法世界，让我们来简短地考察一下，这种世界在何种意义上可以被称为“花园”。

78 Charles Baudelaire, *Correspondances*: ‘La Nature est un temple où de vivants piliers / Laissent parfois sortir de confuses paroles; / L’homme y passe à travers des forêts de symboles / Qui l’observent avec des regards familiers.’

众所周知，雅园文化至少可以追溯到迦勒底帝国（Chaldean Empire，公元前 7 世纪至前 6 世纪）时代，并在阿黑门尼德帝国（Achaemenid Empire，公元前 6 世纪至前 4 世纪）时代首次大放异彩。在这些巴比伦和波斯文化中，花园的文化地位远远超出了享乐、消遣或种植领域。一座波斯花园就是一座天堂，色诺芬第一次将波斯语词汇 *Pairidaeza* 转写为希腊语 *Paradeisos*。[79] 于是，花园更接近人间“天堂”，而非公园。巴比伦 / 波斯花园会复制宇宙的结构，有四条河流，原始元素的布置也有严格的秩序。花园是活的宇宙图景，因此是原初创世的一个活片段。这种花园理念随着 *Paradeisos* 这个词一同进入了希腊世界，并通过希腊世界进入了罗马文化。正如我们在位于意大利蒂沃利的哈德良别墅等现存古罗马庄园中看到的那样，千百年来，花园一直是神圣与凡俗交汇的地方，或者更准确地说，凡俗通过一种自然与艺术的特殊结合被神圣化了。器物布置与建筑元素的微妙平衡——结合“人为”与“天然”，同时没有抹杀两者中的任何一个——让神圣之光得以穿透一片原本凡俗的空间。花园揭示了一直沉睡于每个物质复合体心中的神性——但这需要采取一种人眼和人心能感知到的特殊象征形式。同样的结构重现于文艺复兴时期的意大利，花园被设计成了小宇宙。[80] 当时的花园通常有一部分种植蔬菜水果，一部分是理性化建筑构成的几何图形，最后还有一部分是维持原野风貌、

176

79　参见 Xenophon, *Cyropaedia*, I, iii, 14, in Xenophon, *Cyropaedia*, Books 5–8, Cambridge, MA: Harvard University Press, 1989。

80　参见 J. Godwin, *The Pagan Dream of the Renaissance*, Boston, MA: Weiser Books, 2005, pp. 153–80。

缀有异教神祇雕像的“园林”（*bosco*）。对于这三个部分，我们可以将第一个部分解读为实用理性的托喻，第二个部分是纯粹理性的托喻，最后一个部分“园林”则是最初显现阶段中的不可言说者的象征。在那里，正是不可言说的原野与精巧制作的艺术品的结合才让整全的宇宙得以浮现。读者一定会注意到这种宇宙观与本书本节讨论的宇宙观之间的相似处。

但是，关于将花园解读为某种特定类型宇宙论的镜像的文本，最准确的或许是伊斯兰教早期的什叶派文献。一则据说出自先知穆罕默德的圣训中写道：“在我的讲坛（*minbar*）和坟墓之间是一座来自天堂众花园的花园。”[81] 这则先知圣训将“花园”描述为“讲坛”与“坟墓”之间的所在——但亨利·科尔班警告我们：“不消说，这句话不能从显白的字面意义去理解。”[82] 讲坛通常代表法庭，也就是宗教中教义色彩最重的方面。用本书的话说，它代表着语言领域，物在其中顺从地落入可传达的生产性范畴——借用海德格尔的话，这是上手（ready-to-hand）之物的领域。相反，幽暗的“坟墓”代表物退至它们最初的黑暗，不再有任何功利用处的地方。用本书的话说，坟墓象征着无法穿透的不可言说的生命维度——或者用伊本·阿拉比的话说，是绝对者处于一切概念化可能性之前的第一阶段，也就是“不显”。但这个处于纯粹的不可言说与完全实用的语言之间，存在与本质之间的“花园”是什么呢？这片中间地带，这座“花

177

81 载于 W. Diem and M. Schöller, *The Living and the Dead in Islam: Studies in Arabic Epitaphs*, vol. 3, Wiesbaden: Harrassowitz Verlag, 2004, p. 49 和 H. Corbin, *History of Islamic Philosophy*, London: Routledge, 2014, p. 78。

82 H. Corbin, *History of Islamic Philosophy*, London: Routledge, 2014, p. 78.

园”根本就是“实在”本身——由魔法创世而产生的实在。

用心的读者可能会觉得，上述断言与本章前面“何为实在?”一章中给出的实在定义构成了一个循环。这确实不应该仅仅视为错误或巧合。魔法创造其世界正是为了让实在得以出现——一种不可言说的生命贯穿语言实体，而语言实体可以在此基础上存在和发扬的实在形式。然而，这种实在形式反过来暗示，语言的本原是语言得以出现的必要前提。这种状况有两点值得一提。第一是本书包含的循环性。本书开头和本章都明确提出，我们要做的事情本质上是为了疗愈。我们首要的关切是展示想象出另一种实在体系的可能性，这个实在体系能够重新激活一个空间，活生生的个体可以在其中生活、行动和发展，而不会被毁灭性地归约为它们的语言维度（从而也包括经济、生产、种族或身份维度）。魔法体系的建立正是怀着这一目的。魔法创世的终点与引发魔法体系设想的前提之间看似形式循环，但其实这种循环应该被理解成揭示了我们的思想实验的性质。第二，我们应当探讨发生在魔法创世本身之内的循环。早在讨论技术时，我们就已经遇到了这种从最后一个本体回溯到第一个本体，重新启动创世过程的运动。魔法在这一点上并无不同。正当原初的创世力量终于衰退之际，它也奠定了将会导向它的复活的条件——手段就是将第一原理呈现为“必然”性。不可言说者临终的光芒创造了一个能够存活下去的世界，只是因为它不断地回溯到它最初的原理——生命。 178

上限与下限：双重否定与隐蔽的神

与每一种宇宙论一样，魔法大厦也是由上限和下限所界定的，尤其是塑造了第一个和最后一个本体的界限。这里的下限是“隐蔽的神”，上限是“双重否定”。

先从双重否定说起，它定义了位于第一本体作为生命的不可言说者“之后”或“之前”的东西。不可言说者表面上已经是本原了，本原“之后”还有东西限定着它，读者对此可能会感到一点惊讶。然而，我们这里说的限定，特指限定作为一种实在体系的原理的不可言说者，而不是完全独立形式下的不可言说者。换言之，双重否定定义了一个点，作为生命的不可言说者在这个点之前处于未展开状态——除非我们在考察它作为魔法创世第一本体的功能，就像现在这样。双重否定指的是我们（人类）的不可言说概念中的一个差错，按照这个概念，梵/我中绝对之“有”的根源仿佛在一片纯粹之无的领域的边缘。此处讲到作为生命的不可言说者时提到的梵/我并不只是一个简称，因为纯粹的有与纯粹的无之间的区别一直是印度教各派——我们的“梵”和“真我”观念就源于它们——与大乘佛教争论不休的一个点，大乘佛教不承认表面上的有，认为有不过是披在“空”（*sunyata*）身上的一层假象，而空才是终极的“真身/法身”（*Dharmakaya*）。[83] 但是，我们不会从印度形而上学的角度

179

83　关于本体毕竟空的观念，特别参见公元二至三世纪印度大乘佛教中观学派哲学家龙树（Nagarjuna）的观点，有人认为龙树发明了“空”这一概念（参见 C. W. Huntington, *The Emptiness of Emptiness: An Introduction to Early Indian Madhyamaka*, Honolulu: University of Hawaii Press, 1989）。关于吠檀多不二论与大乘佛教的本体论差异，参

来考察这个问题，而要从前面提到过的十二世纪波斯哲学家苏赫拉瓦迪提出的一种特殊认知概念的角度来考察。

苏赫拉瓦迪参与了当时围绕神性展开的论战，提出了一种既不同于所谓的否定神学家，也不同于其对手肯定神学家的立场。按照否定神学的观点，通过语言手段不可能理解神的本质。在否定神学家眼中，我们对神的一切说法，哪怕将最崇高、最光辉的属性归于神，都是亵渎。对他们来说，说神“伟大”或者“良善”——乃至说神“存在”——都是公然企图贬损神的绝对超越性。我们之前已经在司各脱·爱留根纳的言辞中与这种形式的否定神学短暂相遇，当时是将其作为麦克斯·施蒂纳思想的导引。相反，肯定神学家声称自己的对手企图剥夺神的属性，那才是真正的亵渎。我们怎么能说神不良善，不伟大，甚至不存在呢？肯定神学坚持认为，神确实具有一切正面属性，尽管这些属性在神身上达到了登峰造极的地步，与我们从区区人类视角能够理解的情形不可同日而语。苏赫拉瓦迪的立场要打破否定神学与肯定神学之间表面上的二元对立。按照苏赫拉瓦迪的看法，两者都是半对半错。否定神学家强调神的绝对超越性，这是对的，神确实在语言描述或属性限定之后。然而，肯定神学家也有对的地方，那就是指出如果说属性可以归于任何事物的话，那当然更应该归于神。于是，苏赫拉瓦迪提出用双重否定来刻画神，这种方法不会剥夺神的超越性，也不会剥 180

（接上页注）

见 R. D. 卡马卡尔为吠檀多不二论基础文本之一《蛙式奥义书》写的导读（参见 R. D. Karmarkar, *Introduction*, in Gaudapada, *Gaudapada Karika*, edited and translated by R. D. Karmarkar, Poona: Bhandarkar Oriental Research Institute, 1953, pp. XXXIX–XL）

夺神的内在性。[84] 苏赫拉瓦迪主张，我们关于神真正能说的话只有神并非不（not-not）良善，并非不伟大，并非不存在，等等。通过在否定神学观点的基础上加上第二重否定，我们就既能克制思想的傲慢，以为否定就能传达神的本质，又能守护神对语言领域的掌握。神的本质是如此超越，以至于超越了超越本身。

当然，我们之前讨论魔法第一本体时就遇到过类似的主张，尤其是我们提及伊本·阿拉比认为有一个绝对者在一切可能显现之前。但此处不一样的地方是，这一观念何以构成了一个认识论层面的、处于一种对不可言说者（进而对生命）根源的认识之中并延伸到双重否定的差错。有何种方法能将不可言说生命的绝对之“有”，从一种根本之无的形式中区别出来？苏赫拉瓦迪的双重否定是一种恰好符合第五本体层级——也就是完成后的魔法“世界”的层级——的悖论性建构，但如果我们将它运用到最初的创世原理，那就有可能动摇我们对它本就脆弱的认识。这就好像在存在，甚至在不可言说的绝对存在之前就有一个原初的内核，与任何对存在的认识都截然不同。质言之，这就好像第一本体本身是由某个在它之前的东西产生的，那个东西完全不可探知，莫名其妙地“说出”了第一本体——正如第一本体说出了第二本体。如果作为生命的不可言说者是诞生了第一个词的原初沉寂，那么好像甚至在沉寂之前还有某个东

84 苏赫拉瓦迪的双重否定概念应当与苏菲派的“双重湮灭”（*fana' al-fana*）概念区分开来，后者是双重否定运用于个体自我认定的形式（参见 M. H. Yazdi, *The Principles of Epistemology in Islamic Philosophy: Knowledge by Presence*, Albany, NY: SUNY, 1992, pp. 156–8）。

西“说出”了沉寂。这就是魔法流溢链的上限——当然，这个界限令人不安，因为它延伸到了一个无法被理解的领域，甚至不能被否定地理解。[85]

这种对理性乃至否定的理性的彻底逃避——用心理学术语说，类似于无意识的无意识——换了一套外衣，来到了魔法实在体系的下限处，这一次采取的形式是“隐蔽的神”。自从现存最早的古代社会信仰体系记载以来，隐蔽的神（或者“退位的神”，*Deus otiosus*）这一形象就在宗教和神话的历史上反复出现。从西伯利亚到亚马孙丛林等地区发现的诸多“升天神话”都讲述了原始神在某个时刻决定放弃世界，切断曾经连接天地的通道的故事。天地断绝之后，只有少数在精神方面天赋异禀的人（通常是萨满或祭司阶层的成员）能够通过复杂的仪式爬到“世界树”的顶端，再次与众神交流。当然，在我们当前的分析中，隐蔽之神的形象必须要从哲学而非宗教上去理解。在魔法创世的结尾，我们来到了一个世界终于以完整形态出现——作为语言与不可言说的矛盾结合体——的阶段。我们曾简短暗示了魔法创世论——以及所有哲学创世论——的循

181

85　我们可以将存在的不可言说维度这两个方面之间的关系——一个彻底超越，一个则内在于不可言说维度之中的世界——类比于神与穆罕默德在宇宙功能方面的关系，后者最早是由十一至十二世纪波斯神秘主义者安萨里阐述的。按照安萨里（见 Al-Ghazali, *The Niche of Lights*, Provo, UT: Brigham Young University, 1998）——以及他之后的大部分苏菲派别——穆罕默德在宇宙中的功能是“从命者”（*muta*），作为神在世间的工作原理而行动，而神是绝对超越的，于是神完全超脱于世界和本体论之外。每当一名奥秘倾心者在世界中经验到神的临在与行动时，他直接经验的并不是神，而是神以穆罕默德的“从命者”宇宙功能为中介的显现（参见 A. Schimmel, *Mystical Dimensions of Islam*, Chapel Hill: The University of North Carolina Press, 1975, p. 223）。

环性质，以及在第一原理最终耗竭时，整个实在体系如何跃回自己的本原起点。然而，这绝不是一个自然而然的过程。不可言说的生命寓于语言之中，一直有完全消失、作为“死者”离开世界的危险。它的在场从来不是一劳永逸的，世界本身必须不断唤醒它的内在生命——正如身体必须不断吸入氧气，并在肺中不断溶解。与吸入体内的空气一样，不可言说者在第五本体层级最明显的变动就是不断消散。“神”一直在离开世界，而世界必须不断努力将神带回自身之中。如果世界不再追寻生命，那么它本身就会变成一个死物的仓库——变成“实体化的混沌”的复合体，既没有秩序，也没有潜能。如此来看，炼金术的“工作”概念的性质就更明确了，它指的是，让世界不断浮现的努力过程是永无止境的。作为自我的世界同样需要不断用心劳作，就像模仿宇宙结构的花园一样。因此，魔法创世永无完结，永远不会自身闭合。

182

魔法创世的事业需要持续维护，节律如祭祀仪式一般接连不断。这种特殊的仪式献祭观念记载于吠陀之中，它有助于我们把握世界不断重建自身实在这项没有尽头的事业的本质——也让我们能够结束本章。罗伯托·卡拉索（Roberto Calasso）的《燃烧》（*Ardor*）是一部研究献祭在吠陀中的地位的权威著作，它能引领我们走过这次小小的探索之旅。在专门分析吠陀众神为何必须亲自举行仪式献祭的一节中，卡拉索探讨了吠陀文化中一切仪式和献祭发挥的根本功能。每一次仪式都为世界重新注入了一切必要的力量和原理——可见或不可见，语言或不可言说——从而让世界得以重新开始。按照吠陀传统，卡拉索认为最小的仪式单位是“奠酒”（libation），这个动作用最简单的形式综合了众多复杂仪式的同一本质。

> 有一个动作将整个印欧世界密切联系起来。那就是“奠酒”。将一种液体泼入火中、激起火势，将一个珍贵或平常的物件投入火中烧毁……暴力——暴力总会留下某种印记，不论如何费力掩饰——在这里是没有的。但毁灭是有的，将某物不可逆转地献给某种不可见的在场。这种放弃某物的行为叫做“奉献”（*tyaga*），它经常被说成是献祭——每一次献祭——的本质。或者说：是献祭的先决条件。这个动作表明有人正在接近某个不可见的在场——表示服从，或者至少愿意让路。[86]

183

卡拉索接下来说明了奠酒到底是“做”什么的，也就是说，仪式活动在何种意义上可以理解为有效。

> “一个人不管向那位神灵奠酒，神灵被奠酒这一行为所抓住，会满足那个人的愿望。”段落中的这句话把《百道梵书》（*Shatapatha Brahmana*）中千变万化的 *graha* 一词的意思表达得最为清楚。*graha* 一词通常翻译成“奠酒”，总是与动词 *grah-* 有关联，本意是“把握”——类似于德语词 *begreifen*（意思是领会，名词形式为 *Begriff*，即概念）

86 R. Calasso, *Ardor*, London: Penguin, 2014, 我阅读的是该书 Kindle 版，对应的意大利初版纸书页码约为 pp. 243-4。

与 *greifen*（意思是把握）之间的关系……奠酒是一种把握（理解）神的方式。通过奠酒，神就感觉自己在界限之中，被把握住了。名字也一样：名字是我们对实在的奠酒。名字是用来把握实在的。[87]

卡拉索所解读的仪式，与发生在魔法第五本体也是最后一个本体下方边界处的无尽实在重建过程有着惊人的相似。为了创造出一个真实的“世界”，不可言说者原初的创造实在之力耗尽了能量，这时，这个世界和世界中的实体开始了无尽的仪式活动，目的是重新引发先前创造了世界的不可言说流溢过程。在魔法世界与实在之外，在它的南部边境处是不可言说者吐纳世界的循环运动。这一运动与所谓的“偶因论”（occasionalist）有某些相似之处。偶因论认为，世界上发生的任何事归根结底都出于神的直接干预。例如，十一世纪伊朗思想家、偶因论者安萨里主张[88]，世界本身乃至世界中一切最细小的事物，都是神每时每刻不断重新创造出来的。安萨里的结论是，如果神无止境的创造停了下来，整个世界就会突然消亡。类似地，我们在魔法宇宙论的南部边境还发现了一处危险的深渊，其中世界的生命——也就是说，它“活着”的状态——依赖于无尽的工作，工作首先是为了“记住”不可言说者，然后是强化语言世界的象征形式，让不可言说者能够穿透语言世界。于是，如果

184

87 Calasso, *Ardor*，我阅读的是该书 Kindle 版，对应的意大利初版纸书页码约为 pp. 247–8。

88 参见 Abūāmid Muammad ibn Muammad al-Ghazālī, *The Incoherence of the Philosophers (Tahâfut al-falâsifa)*, Provo, UT: Brigham Young University Press, 2002。

我们将魔法的实在理解为世界的普遍“自我”，那么它就类似于赫尔墨斯主义炼金术士们寻找的“金”（*aurum*）；与市场上交易的“凡人金”不同，这种“哲人金”从来不是一劳永逸地创造出来的，而是需要不断工作，一次又一次地创造。[89] 在这种视角下，形而上学本身就成了打理花园的一种形式。

结论

在本章中，我们看到了魔法创世在五个本体层级中的展开。与技术一样，魔法也是从第一原理（作为生命的不可言说者）开始创造实在的，最后是其世界的完成形态（悖论）。从魔法创世论的第一本体到最后一个本体的变化过程，标志着从完全不可言说、绝对存在、纯粹生命的状态过渡到不可言说与语言、存在与本质、生命与死亡深切纠缠的状态。这个变化过程采取的形式是，象征语言从不可言说者中流溢出来，既肯定了不可言说的存在优先于语言的本质，也没有否认后者的合法性。正是通过承认存在与本质的共在——尽管有高低之分——魔法创世论才让“实在”得以重生。正如本章前面的插曲中所说，实在总是作为存在和本质这两个极限概念之间的创世空间出现的；技术完全否认了存在原理，从而导致了实在的崩溃，魔法则有能力保全两者。这就是魔法的“重建实在”——而两个参数的特殊调制（也就是存在与本质的高下之分）则构成了魔法

185

89　参见 T. Burckhardt, *Alchemy: Science of the Cosmos, Science of the Soul*, Louisville, KY: Fons Vitae, 2006, pp. 82–3, 182–95。

实在体系与魔法世界中实在的特殊印记。

在下一章中，我们不会再从宇宙论的维度来考察魔法世界，而会透过生活于其中的一个人的双眼来看待它——就像第一章中对技术世界所做的那样。当我们临近对魔法创世力量的下一步分析时，让我们来考察最后一个话题，它好比一座桥，连接着我们迄今为止对魔法创世论的解读与接下来的存在主义解读。它就是魔法实在体系的根本原理与其要创造的“世界”之间的关系问题，尤其是魔法到底认为自己的核心实在原理——不可言说的存在——是超越于还是内在于个体存在经验到的它的世界。我们首先要简短考察另一种对“魔法”的解读（尽管在其他许多方面有相近之处），它是由伟大的俄罗斯神学家和哲学家帕维尔·弗洛伦斯基提出的。[90]

在 1908 年的莫斯科神学院致辞中，帕维尔·弗洛伦斯基提出了柏拉图主义的根源在魔法领域的主张。

> 问一问我们自己：“柏拉图主义从何而来？”我们不是要找哪些历史影响决定了它的诞生……相反，我们应该这样解读“从何而来”的问题：“从哪些意识要素而来？”……如果你认同我提出问题的方式，那么我的答案就是简洁明

90 由于且仅由于空间有限，本书无法真正探讨弗洛伦斯基的丰富思想。但深入探究当然是值得的，因为他的思想代表着二十世纪哲学的高峰之一。不幸的是，他的作品只有很少被翻译成英文。有兴趣的（英美）读者可以重点参看 P. Florensky, *The Pillar and Ground of the Truth: An Essay in Orthodox Theodicy in Twelve Letters*, Princeton, NJ: Princeton University Press, 2004 和 P. Florenksy, *Iconostasis*, Yonkers, NY: St Vladimir's Seminary Press, 1996。

了的："它从魔法而来。"[91]

他接下来用诗性的语言描述了——他认为——当时仍然存在的俄国农民对自然界的魔法式体验，以此论证自己的主张。按照弗洛伦斯基的看法，俄国农民的体验与作为柏拉图主义起源的基础存在体验是重合的。 186

> 目光所及的任何事物，万物都有自己的隐秘内涵；它拥有双重的生命，一种"他者"性的、超越经验的实体。万物皆分有另一个世界，这另一个世界也在万物上留下印记。[92]

这或许就是柏拉图主义与本书在魔法观上的最大差别，前者将魔法视为一种超越凡世的手段。弗洛伦斯基谈到魔法时涉及了"另一个世界"，魔法可以将我们与那个世界连接起来；本书则提出魔法是一股创世之力，让我们能够同时既在世界之内，又在任何世界之外。本书中描述的魔法与柏拉图主义的区别是，它没有提出一个天外之天，一个蕴含着真正"真理"的"此世之外的世界"，而是提出了一个更贴近新柏拉图主义的观点，即世界之内蕴含着一个同时超脱了世俗与真理，从而超越了超越概念本身的维度。

然而，这种认为不可言说存在于世界之内的主张不应该仅

91 P. Florensky, *The Universal Roots of Idealism*– my translation from the Italian edition, P. Florenskij, Realtà e Mistero, Milano: SE, 2013, p. 19.

92 Florensky, *The Universal Roots of Idealism*.

仅视为一种内在论的记号。魔法宇宙论不能归约为“神或自然”（*Deus Sive Natura*）的公式。[93] 在魔法看来，尽管不可言说的存在（也就是生命）可以在语言构建的世界中找到，但语言的世界与其不可言说的来源有着根本的区别。不可言说的存在先于语言的本质[94]，前者能否真正寓于后者之中（也就是，不可言说的生命是否完全在语言的世界之中）这个问题被魔法的主张推翻了，魔法主张，终极的定位形式“这里”只属于不可言说的存在。相对的定位形式“那里”则归于本质。两个概念产生了不同形式的形而上地理格局，因而不能归约为同样的地理表述。“内在”与“超越”都是描述性语言的元素，只能部分地在魔法实在体系中安家。魔法超越了超越性概念，所以也超越了内在性概念。魔法世界既是一个世界，又根本不是世界；既是语言，又是沉默；既是不可度量的存在，又是有限的在场；既是混同，又是本质。它是多中的一，一中的多，一和多这两个词融为一体，又不可通约。换句话说，它是悖论形式的实在。

187

93 B. Spinoza, *Ethics*, London: Penguin, 1996, p. 118.

94 在这个意义上，本书观点可以被解读为属于广义的“存在主义”传统——尤其是古代伊斯兰教版本的存在主义。

第四章

魔界

内在之外

本书的结构就像一面折叠镜。中间两章互为镜像，首尾两章亦然。第二和第三章关注的是技术和魔法这两股对立创世之力的内部结构，第一和第四章则考察两股力量在世界以及我们在世界中的存在体验上留下的印记。

我们在第一章讨论技术体制下的生命时，曾简短提到埃玛努埃莱·塞韦里诺的一个观点：技术强加给世界的形态超越了具体的政治学说。按照塞韦里诺的看法，美式资本主义与苏式共产主义这样差异巨大的体系，其实都处于同一套技术宇宙论形态的（形而上和伦理）约束之下。事实上，将一种创世“形式”转变为一股“力量”的东西，正是强加于世界的形而上与伦理可能性之上的“一套约束”。创世力量是作为一个框架来发挥作用的，作为一套对世界上什么可以存在、什么事可以做、什么善可以追求等方面施加的限制。在这个意义上，每个创世之力——技术、魔法等等——都是权力可以采取的一种特定形式的“原点”。按照意大利哲学家弗兰克·“比弗”·贝拉迪给出的权力定义：

> 我将**权力**称为隐含在作为规范的当下的结构中的选择（和排除）：权力是从多种可能性中选择一种并强制推行，同时又排除（和隐藏）了许多其他的可能性。这种选择可以被描述为**格式塔**（设定结构的形式），而且发挥着范式的作用。它也可以被视为一套格式，一套遵守规定才能使用的模板。[1]

190

在技术权力制定的框架下有多个可能的政治结构——只要它们尊重隐含在技术自身形式之中的根本形而上和伦理律令。类似地，魔法实在体系也允许它要创造的世界中出现不同政治思想的增殖——只要它们还符合那套包含在魔法自身形而上和伦理范式中的可能性。在两个体系中，不可能的恰恰是游离于各自宇宙论范式之外的东西。

因此，如果我们要考察魔法在其世界中留下的印记，那就不应该从任何一种具体社会或政治结构入手，而应该像探讨技术时那样，去考察我们的存在体验可以在何种基本框架内展开——进而研究在这个框架的基础上可以建立起何种社会、政治、经济或文化结构。然而，技术与魔法创世论的展开虽有相似之处，却不应该混淆一点：两者实际展开的条件是大不相同的。技术体制在当今几乎所有人类思想和行动领域都具有几乎

1 F. Berardi, 'Bifo', *Futurability: The Age of Impotence and the Horizon of Possibility*, Verso, 2017, p. 2.

完全的霸权地位，魔法体质目前则处于极度边缘化的状态。技术创世形式中隐含的规范律令被强加于全球范围内所有层次的制度上，魔法的规范律令却不可能施行于个体对世界的私人经验领域之外。当我们开始考察魔法世界，以及它对我们在其中的日常经验的重构时，我们应当记住这个世界和这种经验在今天只可能在极狭小的范围内实际发生。接下来，我们会采取一名生活在当今世界的（人类）个体的视角，然后考察用魔法实在体系替代技术实在体系会给这个人的存在体验带来的一些重大影响。我们尤其会从如何脱离当下技术世界的生存策略的角度去考察魔法。

191

这一视角重视个体重塑自己对实在的体验的能力，而非占据社会霸权地位的实在体系的权力，呼应了希腊化时代哲学学派的总体趋势。犬儒学派、昔兰尼学派、伊壁鸠鲁学派、斯多亚学派、怀疑主义学派的主要关注点都是改变个人对实在产生存在性体验的基本框架。[2] 他们接下来只会对政治哲学的具体方面做边缘性的探讨，甚至根本不会探讨——而是会提出一套基本的形而上和伦理公理，这些公理一经采用就会隐含地设定出政治与社会结构的界限。例如，斯多亚派主张政治普世主义的基础是其形而上学观念——他们并不管这样一种普世秩序会采取怎样的具体形态。同理，伊壁鸠鲁派反对奴隶制，昔兰尼学派号召性别平等，犬儒学派嘲讽民族主义等等也是基于各自的形而上学观念。

---

2 U. Zilioli, *The Cyrenaics*, Durham: Acumen, 2012 对这一方面的分析尤其有意义。

希腊化时代各学派虽然以重塑基本思想与经验范畴为首要任务，而非单纯改革社会制度，但这与他们对当时社会政治体系造成的影响并不矛盾。恰恰相反，他们的哲学观点很快在古希腊罗马精英群体之中取得了至高无上的文化地位，而且在被方兴未艾的基督教接受后，这些观点又在晚期古典世界的社会话语中产生了巨大的变革。尽管重塑实在框架的使命——通过这一框架，一个特定的世界才呈现于我们的经验之前——乍看上去或许与积极的社会参与相去甚远，但其长远影响比任何当前政治制度层面的肤浅变革都要大得多。

192

此外，这种对实在的重建旨在直接有益于活生生的个体，接近在整个希腊化时代都备受推崇的“自助”形式。[3] 类似地，本书的愿望是开辟哲学思辨对个体“自助”的益处，也就是一个人如何能既在历史环境施加的局限之中，又超越这些局限来行动。换言之，我们希望想象出一种哲学形式，一种对那些被历史打败、毫无胜利希望，而且终生都指望不上革命式“明天的太阳”来减轻毕生负担的人也有用的哲学形式。这不是贬低历史变量的重要性，比如个体所处的具体时空环境的政治、社会、经济或文化状况。恰恰是在承认这些变量对个体生活有重大影响的基础上，我们才希望开辟出一片这些变量之外的空间，为个人提供充足的空间和庇护去培养属于自己的、自主的实在重塑——同时与积极参与社会层面更宏观的解放事业并行不悖。事实上，如果我们希望重新激发社会想象的进程，从而打

3　参见 A. A. Long, *Greek Models of Mind and Self*, Cambridge, MA: Harvard University Press, 2015。

开朝向进一步解放的系统性政治变革的可能性，我们就必须有能力设想出一个处于令人窒息的现有实在体系的波浪之外，让这种激发能够发生的空间。

接下来，我们会集中讨论这一空间，以及它何以能沿着魔法创世的路线来培育对实在的重建。这个空间既摆脱了当代实在图景的束缚，同时仍然受到当代实在所施加的限制。它是一个“内在之外”，不仅打破了技术世界的总体化形态，更通过消失而超越了技术世界。众所周知，意大利“后工人主义”传统的思想家们已经用政治语言对当下困境做了广泛探讨——比如安东尼奥·奈格里（Antonio Negri）对桑德罗·梅扎德拉（Sandro Mezzadra）政治理论的评论： 193

> “千高原”的图景已经成为现实。而且当“外部”不复存在时，“内部”就会产生出越来越彼此相关的多样性；凹面给定的情况下，凸面就不是凹面的对立面，而是与凹面并列的一个来回摇摆的选项。[4]

然而，这根本不是一个当代政治独有的问题。我们要综述魔法对当代个体生活的存在性影响，第一步恰恰就是简要回溯秘密、隐遁、消失这些古老手段的谱系，一个人可以通过这些手段创造出一个同时处于自己的历史时间之内和之外的空间。

4　Antonio Negri's review of S. Mezzadra and B. Neilson, *Confini e Frontiere*, Bologna: Il Mulino, 2014, online at http://www.euronomade.info/?p=2814

秘密

1492 年 1 月的一个明媚早晨，阿布·阿卜杜拉·穆罕默德十二世（Abu Abdallah Muhammad XII）在一百名盛装骑马随从的陪伴下来到格拉纳达（Granada）近郊的一座石山。直到几个小时前，他还是伊比利亚半岛上最后一座穆斯林城市的最后一位穆斯林统治者。但如今万事皆休。阿布·阿卜杜拉·穆罕默德十二世最后回望了一眼远处阿尔罕布拉宫宫墙和高塔的轮廓。当他扬手下令继续南行时，眼泪终于夺眶而出。但与即将降临于被他抛弃的臣民头上的苦难相比，他的流亡之悲相形见绌。格拉纳达的穆斯林市民现在全凭阿拉贡国王斐迪南二世与卡斯提尔女王伊莎贝拉一世发落，即将和其他教友们一同走进新成立的西班牙宗教裁判所的法庭和刑讯室。

阿布·阿卜杜拉·穆罕默德十二世最终抵达了摩洛哥城市非斯（Fez），本人和仅存的家眷在那里接受当地苏丹的庇护。次年，另一位伊斯兰历史上的重量级人物也来了。艾哈迈德·伊本·阿比主麻（Ahmad ibn Abi Jum’ah）获得了法学教授的职位，遂于 1493 年从老家奥兰（Oran）移居非斯，很快便升为德高望重的“穆夫提”法学家。没有现存文献证明律法学者与逊位国王见过面，但艾哈迈德·伊本·阿比主麻肯定不会对留在西班牙的摩里斯科人（Moriscos）所经历的苦难无动于衷。1504 年，这位来自奥兰的穆夫提发布了一份著名的“教令”，宣布生活在不信者压迫统治下（也就是西班牙王国治下）的逊尼派穆斯林可以向迫害者隐藏自己的信仰，甚至可以公开宣布叛

194

教，以免殉教的命运。

> 到了祈祷的时候，如果他们强迫你拜倒在他们的偶像之前，或者逼你和他们一起祈祷……那么他们要你拜什么，你就拜什么，但心志要转向真主。甚至朝向麦加方向的要求也可以放弃，就像战场险境中的祈祷一样。
>
> 如果他们逼你饮酒，你可以饮酒，但不要自愿饮酒。
>
> 如果他们逼你吃猪肉，你可以吃，但内心里要排斥猪肉，同时坚定不可食猪肉的信念。他们逼你做任何教规不许的事情，均照此例。[5]

通过教令，艾哈迈德·伊本·阿比主麻在逊尼派世界中将塔基亚和基特曼（*taqiyya* and *kitman*，即谎称和隐藏信仰，相当于 *suggestio falsi* 和 *suppressio veri*）的做法制度化了，这两种做法之前在什叶派世界中已经司空见惯。什叶派穆斯林几百年来习惯了逊尼派的压迫，早已围绕谎称和隐藏心中信念的做法发展出了一套复杂的理论。根据第 3 章第 28 节[6]和第 16 章第 106 节[7]等《古兰经》经文，什叶派信徒长期将“塔基亚”视为奉行信仰的重要一环。什叶派对“塔基亚”的核心观念是，塔

195

5　A. ibn Abi Jum'ah, *Oran Fatwa*, as reported and translated in L. P. Havery, *Muslims in Spain: 1500 to 1614*, Chicago, IL: The University of Chicago Press, 2005, pp. 61–2.

6　“信道的人，不可舍同教而以外教为盟友；谁犯此禁令，谁不得真主的保佑，除非你们对他们有所畏惧而假意应酬。”（译者按：译文采用马坚译本。）

7　“既信真主之后，又表示不信者——除非被迫宣称不信、内心却为信仰而坚定者——为不信而心情舒畅者将遭天谴，并受重大的刑罚。”（译者按：译文采用马坚译本。）

基亚“只是以舌为之”(依照伊本·阿拔斯［Ibn Abbas］的教训)，而非用心为之。但他们对这一行为的认识所具有的意义，要比西班牙逊尼派教徒采用的策略更加深远。尽管谎称和隐藏信仰这门技艺最早在逊尼派统治时期进入了什叶派的日常生活，但到了十三世纪蒙古入侵时，塔基亚和基特曼又代表了一种对隐微、显白两者裂痕的深刻认识。从亨利·科尔班所说的“奥术学”角度来看，塔基亚和基特曼还服务于守护不可言说者、使其免遭描述性语言把握的目的。[8] 只有经过一条复杂的启入路径，不可言说的知识才可以“传递”给另一个人，同时要永远抵制将其归约为语言的诱惑。

> “奥术学”(塔基亚、基特曼)是由伊玛目们根据一条禁令所规定的，“真主命你将宝藏传给应得之人”(4:55)。这句话的意思是：真主不许你将神秘灵知传给应得之人——也就是“传人”——以外的人。这条禁令中隐含着一整套精神传承的知识观。[9]

8 在苏菲派传统中，谨言之策早在九世纪就由阿布·卡西姆·穆罕默德·朱纳德(Abu'l Qasim Muhammad al-Junayd)制定了出来——部分程度上是作为对殉教者侯赛因·伊本·曼苏尔-哈拉杰(Husayn ibn Mansur al-Hallaj)“过分”坦诚的反应，后者因为在大庭广众之下太过显白地谈论本应藏于心中，或至少应该“隐微”表达的内容而付出了生命。朱纳德发扬了圣人阿布·萨义德·艾哈迈德·哈拉齐(Abu Said Ahmad al-Kharraz)的观点，主张有必要通过“指示”(*isharat*)发言，也就是通过微妙地暗暗指向真理，用一种“隐藏而非揭示真意”的语言(参见 A. Schimmel, *Mystical Dimensions of Islam*, Chapel Hill: The University of North Carolina Press, 1975, p. 59)。接下来对这种心态的更详细讨论会表明，它与巴尔塔萨·格拉西安(Baltasar Gracian)的“内涵主义”有很强的相似性。

9 H. Corbin, *History of Islamic Philosophy*, London: Routledge, 2014, p. 37.

于是，塔基亚和基特曼获得了双重含义：一方面，它们是避免迫害的权宜之计，另一方面，它们又反映了不可言说者与可以用描述性语言传达者之间的裂痕。按照埃坦·科尔伯格（Etan Kohlberg）的观点：

196

> 从动机角度看，塔基亚其实可以分为两大类：一类是基于对外部敌人的恐惧，另一类是基于对未启入者隐藏秘传学问的需要。我将前一类称为“保身型塔基亚”，后一种称为“非保身型塔基亚”。接下来，我会试图……建立两者之间的联系。[10]

事实上，“保身型”与“非保身型”塔基亚有着共同的思想根源。只有在“心”与“舌”（再次用到伊本·阿巴斯的语言）之间存在根本区别的基础上，我们才可能理解谎称与隐藏行为，明白它们无损于其要守护的东西。类似地，在魔法创世论中，我们看到两条共存的原理之间有着真实的区别，一条是不可言说的存在（第一本体），另一条是描述性的本质（第五本体，也就是最后一个本体）。即便“舌”在语言建构的世界的领域中离开正轨，但“心”仍然能够忠实于自己对活生生的、不可言说的存在层面的领悟，这一层面既在世界之中，也在世界之外。根本上讲，接受了魔法实在体系的人明白，每当描述性语

10　E. Kohlberg, *Taqiyya in Shi'I Theology and Religion*, in H. G. Kippenberg and G. G. Stroumsa (eds), *Secrecy and Concealment: Studies in the History of Mediterranean and Near Eastern Religions*, Leiden: E. J. Brill, 1995, p. 345.

言以不可言说者为自己的对象时，它就不过是一种谎称和隐藏的形式。

上述看法都有助于我们理解秘密发挥的作用，只要有人尝试在一个由技术统治的世界中接受魔法实在体系。当然，我们可以将魔法缝到袖子上，穿行于技术世界，从来不放过任何一个机会向所有人表明：有人已经选择了另一种形而上的、伦理的，归根结底是宇宙论的路径。这样做是可以的，但既无益也不明智。按照赋予其生命力的隐微精神，魔法实在体系不是非要击败社会霸权才能发挥作用，也不要求用文化宣传的手段来传播自己的原理。魔法并非注定是少数派；相反，不管它在社会中是少数派还是多数派，那对它功能的发挥都无关紧要。尽管魔法的观点若被普遍接受，大规模的解放事业肯定会受益，但哪怕只有一个人接受，魔法仍然有助于重新激活这个人的想象力、行动力，以及根本上存在于世界之中的能力。此外，一个人若是太过公开地展示自己接受了另一种根本上不同的实在体系，那无疑会遇到建立在恰恰相反的原理之上的社会领域的强硬敌意。牺牲若是不能推动事业前进，白白送死又有什么意义呢？

197

早期现代，基督教世界内部发生了一场天主教与新教阵营同室操戈的宗教纷争，期间有一场类似的论战。或许是为了争夺中欧与北欧的主导权，新教阵营发现了一个特别便利的主张：在真正“革新”的信徒身上，私人生活与公共生活不存在任何合法的距离。为了鼓舞在天主教统治下受苦的新教徒，法国神学家让·加尔文（Jean Calvin）应邀撰文，坚决驳斥一切谎称和隐藏内心信仰的做法。在 1544 年的《抱歉，尼哥底母主义先生们》（*Excuse à Messieurs les Nicodémites*）一书中[11]，加尔文痛斥了那些因为害怕受迫害而隐瞒新教信仰的人。他将这些人蔑称为“尼哥底母主义者”，也就是尼哥底母的追随者。尼哥底母是《福音书》中的人物，白天装扮成虔诚的犹太教徒，晚上却偷偷去听耶稣讲道。

这种对怯懦虚伪的批判到了朱利奥·德拉罗韦雷（Giulio della Rovere，又名朱利奥·达米兰［Giulio da Milano］）的著作中还要更明显有力。德拉罗韦雷是一名改宗新教的前奥定斯会修士，在 1552 年的小册子《殉道劝告》（*Exhortation to Martyrdom*）中斩钉截铁地写道，死亡本身要比公开谎称自己不是新教徒更好。对德拉罗韦雷等思想家来说，描述性语言的领域与不可言说的领域之间似乎没有距离，于是前者中发生的事被认为也会深刻影响后者。翻译成世俗的语言，反尼哥底母主义者的立场认为，不可能逃脱历史的暂时性，如果我们将历史理解为一切可以通过描述性语言范畴记录下来的东西的话。尽管新教号称抵达了人的灵魂最深处的深渊，但到底还是主张一个人最真实的存在不过是这个人可以传达的本质。技术创世之力最早在北方的新教世界建立了它的统治，这或许不仅仅是巧合。

198

在对立阵营——不止是政治阵营——我们发现了早期现代天主教思想家的复杂传统。近年来意大利哲学家马里奥·佩尔尼奥拉（Mario Perniola）指出[12]，直到特伦托公会议为止，天

11　J. Calvin, *Deux épitres contre les Nicodémites*, Geneve: Librairie Droz, 2004.

12　参见 M. Perniola, *Del Sentire Cattolico*, Il Mulino, 2001。

主教心态已经发展成了某种类似于有着壮丽内涵的“感受”的东西，而不是一门矫正存在状态的学问。按照佩尔尼奥拉的看法，特伦托公会议之前的天主教在日常实践中是一种“没有教义的宗教”，其内核是一种“不分有的分有”模式，其基础是通过仪式摆脱个人被狭隘定义的主体性。为了追求一方面摆脱语言世界的约束，另一方面创造共同文化平台的双重目标，天主教找到了大量使用隐喻美学这一重要补充手段。

> 在［美国社会学家安德鲁·］格里利（Andrew Greeley）看来，“天主教徒生活在一个有魔力的世界中”。仪式、艺术、音乐、建筑、祈祷和故事创造出了一种美学氛围，这种氛围是天主教徒的想象的重要部分，并为想象赋予了隐喻性。“天主教徒的想象钟爱隐喻；天主教是一片葱郁的隐喻雨林。”……新教徒的想象不信任隐喻，新教往往是一片隐喻的荒漠。[13]

199　由于这种隐喻心态，天主教徒仿佛可以“从外部”来看待自己和世界。通过让宗教礼仪也体现在文化层面，他们能够同时感觉到自己既在世界中，又在世界外——世界本身同时被感知为一个既熟悉又玄妙的对象。

对佩尔尼奥拉来说，这种非教义的特殊“感受”形式最终在天主教与新教争斗的过程中失落了——罗马教廷致力于建立

13　M. Perniola, *The Cultural Turn of Catholicism*, in R. Dottori (ed.), *Reason and Reasonabless*, Munster: Lit Verlag, 2005, p. 259.

一套统一的、与敌人对立的自我认同。但事实上，即便到了特伦托公会议之后的巴洛克时代，这种有意识拉开自己与语言世界的距离，同时不完全抛弃语言世界的手段在天主教世界的某些知识分子圈子里依然活跃，尤其是耶稣会[14]。在耶稣会内部，谎称和隐藏信仰的理论与实践达到了无比复杂的程度，以西班牙神父和作家巴尔塔萨·格拉西安（Baltasar Gracián）的著作为缩影。[15]

在 1647 年的《口袋中的神谕与审慎的艺术》一书中[16]，格拉西安选取了 300 则格言，意在指导读者掌握“凡世智慧的艺术”，思路奇特，兼用世间虚伪和圣徒造诣。尽管书中大多数建议都赤裸裸地无视道德——因此赢得了尼采和叔本华的青睐，后者更将其翻译成了德文版——但他在耶稣会中的上级读过这本书且加以赞赏，该书在欧洲各国宫廷中很快获得了比肩马基雅维利《君主论》的地位。按照格拉西安的看法，社会不过是一场戏，一场镜子与面具的危险游戏，个体应该凭借智者不动声色、机敏精明的“巧思”（*metis*，希腊语单词，本意为“狡猾的智慧”），而非愚人直截了当的“蛮力”（*bie*，希腊语单词，本意为“野蛮的力量”）。

14　关于耶稣会历史的全面综述，参见 J. Lacouture, *Jesuits: A Multibiography*, Washington, DC: Counterpoint, 1995。

15　关于格拉西安思想、背景和后世影响的研究，参见 N. Spadaccini and J. Talens (eds.), *Rhetoric and Politics: Baltasar Gracián and the New World Order*, Minneapolis, MN: University of Minnesota Press, 1997。

16　参见 B. Gracián, *The Pocket Oracle and Art of Prudence*, London: Penguin, 2011。

> 天堂中一切都是好的，地狱中一切都是坏的。凡间在天堂与地狱之间，因此好坏都有。……人生就像一场安排好的戏，落幕时一切都会明了。那就用心写一个幸福结局吧。[17]

200

在格拉西安看来，“智者”总是处于一个敌对的、管控式的社会中，他会小心地编织出一张诈术之网，将一切“真相”从他公共生活的表面清除掉。明白自己的劣势和脆弱恰恰是智者力量的源泉。这种生存策略类似于拜占庭皇帝利奥六世（Leo VI）[18]、莫里斯（Maurice）[19]以及古罗马军事作家弗朗提努斯（Frontinus）[20]三人的处世之道，他们——分别在《战术》、《战略》和《战略论》三本书中——主要关注如何化弱为强，以及如何将一种柔道式的关系强加到对手身上，让对手的蛮力还施己身。

由于自身的少数派地位，所以“智者”既要善于隐藏自己的想法和计划，又要精于读懂社会试图用来困住他的无言叙事之网。

> 要懂得在不同人的面前表现出不同的样子。要做一个

---

17 B. Gracián, *The Pocket Oracle and Art of Prudence*, London: Penguin, 2011, aphorism 211, p. 80.

18 参见 Leo VI, *The Taktika of Leo VI*, translated and commented by G. T. Dennis, Cambridge, MA: Harvard University Press, 2014。

19 参见 Maurice, *Maurice's Strategikon*, translated by G. E. Dennis, Philadelphia, PE: University of Pennsylvania Press, 2001。

20 参见 Frontinus, *Stratagems and Acqueducts of Rome*, translated by C. Bennett, Harvard, MA: Loeb/Harvard University Press, 2003。

隐秘的普洛透斯：对博学者要博学，对虔诚者要虔诚。这是一门将所有人争取过来的伟大艺术，因为相似会产生善意。……要随大流，因势而变，这就是政治——对依附他人者更是必要的本领。[21]

要懂得装傻……有时最大的知就是装作无知。你不能真的无知，只是要装出无知。在傻子面前聪明、在疯子面前理智都没什么用处：你跟谁说话，就要用谁的语言。[22] 201

与众人一起发疯好过一人独醒，政治家如是说。因为如果所有人都疯了，别人不会觉得你不一样，一人独醒反而会被认为是发疯。……你必须与他人共处，而大部分人都是无知的。独居者要么是神，要么是彻底的禽兽。[23]

智者的成功取决于批判地理解社会意识形态的能力，以及有策略地表演顺从和消失。格拉西安笔下的智者并不回避在大庭广众之下表演顺从，甚至于在无知盛行的年代装作无知，因为这样一来，他就可以为自己创造出自主和反击所需要的环境条件。归根结底，格拉西安的建议或许可以用一则格言来总结，它揭示了这位耶稣会思想家深深地不信任公共领域——公共领域依赖于描述性语言——充分评价不可言说者的能力。

思想要追随少数，发言要顺从多数……不能通过公开

21　B. Gracián, *The Pocket Oracle and Art of Prudence*, London: Penguin, 2011, aphorism 77, pp. 29–30.

22　Gracián, *The Pocket Oracle and Art of Prudence*, aphorism 240, pp. 90–1.

23　Ibid., aphorism 133, pp. 49–50.

> 言论来评判智者，因为他们从不当众发出自己的声音，而会顺从众人的愚蠢，不管内心的看法如何相悖。智者努力不被别人反驳，也努力不去反驳别人：内心非议多，公开批判少。思想是自由的，它不能也不应该受到强制。它退入了沉默的圣所，如果有时打破了沉默，那也只是挑选出智者与之交流。[24]

乍看上去，格拉西安的书似乎不过是一部不讲道德的指南书，教人如何在危险的世界里明哲保身。许多人正是这样读这本书的，而且这本书之所以能形成“概念经济”，投机活动当然扮演着重要的角色。然而，在理解格拉西安的文本时，我们应当小心地不要仅仅停留在表层。格拉西安以第300则格言为该书作结：“一言以蔽之，（要成为）圣人。”这当然不是为了最后来一次喜剧性的反转，而是要给出阅读全书的关键。骗子和伪君子怎么能指望成为圣人呢？答案很简单，尽管它是隐含在书中的：圣徒品性与描述性语言层面发生的事情关系甚微。圣徒的眼界是作为生命的不可言说者，只有当凡间允许不可言说的生命透过它时，才重视凡间——除此之外，社会语言及其制度的浮华不过是一场愚蠢而危险的游戏，只配用轻蔑和虚伪对待。在这个意义上，人人只能与“少数”对话，不管这个“少数”是谁：一切围绕不可言说生命的共同体验建立起来的社会性，必然包含在友谊的范围之内，这就不允许友谊沿着抽象的规模经济无限扩张。从这个角度看，格拉西安的“圣徒”之所以留

24 Ibid., aphorism 43, pp. 17–18.

在人类集体中，正是因为圣徒拒绝任由社会制度——以及更广义上的描述性语言领域——担当起宣布世界上何物值得珍视和守护的角色。对格拉西安的“圣徒”来说，对接纳了魔法实在体系的人来说，这种生者之间的终极团结——它伴随着一种形而上层面的“存在单一论”，在伊斯兰教神学中被定义为“独一性”（*Tawhid*）——总是已经给定的，先于社会规范，也超越社会规范。只有让社会语言回到自己的位置，我们才有可能改造社会制度，使其服务于所有人共有的不可言说者，也就是作为存在的不可言说维度的生命。

启入

> 我们中的一个人必须假设自己是一蹴而造的，被造时便发育完整，完全成形，只是被遮住了视线，不能感知一切外物——被造时便漂浮在大气中或空中，没有任何可感知的气流支撑他，他的四肢分离不相接触，感受不到彼此。这时让他去思考，他是否确认自身的存在。毫无疑问，他会确认自己是存在的，尽管并不会确认他的肢体或体内器官、腹部、心脏、大脑或任何外物实际存在。事实上，他会确认自我的存在，而否认自我有长度、宽度或深度。而且如果他有可能在这种状态下想象出一只手或任何其他器官的话，他不会想象它是自己的一部分，或者是自身存在的条件。[25]

203

25　Avicenna, *De Anima* 1,1 – as reported in L. E. Goodman, Avicenna, London: Routledge, 2002, p. 155.

这个简短的思想实验被称作“浮空人论证”，由多才多艺的波斯学者，恒河以西出现过的最智慧的哲学头脑之一，伊本·西那（即阿维森纳）创作于 11 世纪 20 年代初。我们之后会看到，在理解魔法实在体系所产生的存在性印记的道路上，这个论证也是我们下一步的出发点。

阿维森纳创作这段论证时正被关在伊朗哈马丹省境内的法尔达扬城堡（Fardajan）中——这在他跌宕起伏的生命中是常有之事。我们可能会想对“浮空人论证”作浪漫化的解读，将它作为一个期盼内心自由的微妙隐喻，哲学家被囚期间很可能是有这种期盼的——相当于浓缩版的波爱修斯的《哲学的慰藉》。[26] 然而，阿维森纳提出这一论证的真实原因主要是在当时具体的哲学争论内部。通过证明一个人即便在没有习得信息和感官知觉的情况下，也能够直接体悟到自身的存在，阿维森纳希望支持灵魂的实体性与相对于身体的独立性。阿维森纳先于笛卡尔六个多世纪就预见到了“我思故我在”的某些方面，从而引发了一场认识论根基层面的革命。但笛卡尔认为一切知识的原点是人的理性思维，阿维森纳的“浮空人”则提出了一种基于“在”的认识论。阿维森纳的论证表明，知识的根基是一种人对自身存在的当下直观，这种当下直观在任何其他理性或感知形式之前和之外。这是一种“由在而知”或者说“存在性知识”，其中“知识”与“存在”处于几乎不分彼此的紧密关系。

阿维森纳提出的认识论是后世波斯哲学的丰厚土壤，“由在

26 A. Boethius, *The Consolations of Philosophy*, London: Penguin, 1999.

而知”的概念成为了波斯漫长神秘主义思想传统的基石。十二世纪哲学家、“照明主义”学派创始人苏赫拉瓦迪更是从阿维森纳的理论出发，形成了一条可能的发展路线。按照苏赫拉瓦迪的看法[27]，存在性知识是最纯粹的知识形式，也是其他一切知识形式的基础。这是一种非推论、非概念、非命题类型的知识，类似于人对自身疼痛的无媒介感知。[28]有心的读者会注意到，我们之前恰恰在技术创世链末端发现了疼痛，疼痛是生命不可归约的不可言说性的症状。事实上，对苏赫拉瓦迪来说，也对魔法来说，疼痛与存在者的不可言说之维之间有着认知论层面的关联。两者都是只有通过一种特殊类型的无媒介知识才能触及，在这种知识中，“知道”某物和“是”某物密不可分。仿佛在回应主张个人的真我与世界的终极实在（*brahman*，即梵）本为一物的印度吠檀多不二论似的，苏赫拉瓦迪认为对自己的知识和对神圣领域的知识（“众光之光”）完全是同类：两者都只能通过直接体悟触及。归根结底，我们通过存在性知识所见证的是一道“光”，它让其他一切感知形式的对象“可见”于我们的认知，从而让这些感知形式得以发挥作用。自知与对世界核心处的不可言说者的知识是重合的，因为两者都是让任何其他认知形式成为可能的“光照”前提条件。但与我们能够通过描述性

205

27 关于苏赫拉瓦迪“存在性知识”理论的介绍，参见 M. A. Razavi, *Suhrawardi and the School of Illumination*, Oxon: Routledge, 2014, Chapter 4。苏赫拉瓦迪本人的相关文本见 the ‘discourses’ collected in Suhrawardi, *Philosophy of Illumination (Hikmat al-Ishraq)*, translated and commented by J Wallbridge and H. Ziai, Provo, UT: Brigham Young University Press, 1999。

28 “此世的秘密／是一个永远无法仅凭知识破解的谜。”Hafez, *Divan*, in Hafez, *Ottanta Canzoni*, Torino: Einaudi, 2008, p. 7 .

语言把握的、被照亮的对象不同，在苏赫拉瓦迪看来，“光”本身属于纯粹不可言说的领域。这样一来，光既是描述性语言的基础（“黑暗”中不可能有描述性语言），又逃脱了描述性语言的掌握。

然而，苏赫拉瓦迪并没有将这道“光”等同于纯粹存在的原理。恰恰相反，在这位十二世纪哲学家看来，我们应当将本质视为一切存在物的坚固基石，而非存在。十七世纪波斯哲学家穆拉·萨德拉才终于克服了苏赫拉瓦迪的柏拉图本质主义[29]，走上了一条与魔法实在体系有许多共同点的“本体神学”（onto-theology）的道路。我们在前一章中就讲到过穆拉·萨德拉，他主张一种不同于当时盛行的形而上学教条的“存在主义”哲学。按照穆拉·萨德拉的看法，实在的展开就是一种纯粹而绝对不可言说的存在原理——前一章中用象征的方式将其定义为“生命”——的逐渐自我显现。

穆拉·萨德拉建构其哲学的方式是精妙而大胆地结合多个不同的传统，从古代的琐罗亚斯德教到苏菲派，再到他那个时代最新的伊斯兰教理论。他的认知论图景也不例外，其渊源是从古典时代晚期的希腊新柏拉图主义视角对阿维森纳和苏赫拉瓦迪存在性知识观提出的新解。穆拉·萨德拉尤其借鉴了三世纪黎巴嫩新柏拉图主义哲学家波菲利（Porphyry）的认识论。在普罗提诺的基础上，波菲利主张理智（认知的过程）、运用理智主体（知者）与可以被理智认识的客体（被知者）是同一

29 参见 M. Kamal, *From Essence to Being: The Philosophy of Mulla Sadra and Martin Heidegger*, London: Icas Press, 2010, pp. 51–67。

的。按照第二章开头简短描述的新柏拉图主义学派的观点，我们可以将存在物视为宇宙流溢过程的产物，流溢的起点是完全不可言说、总括万物的第一原理“太一”。太一，“超越存在的存在”从其初始状态——这种状态甚至超越了超越概念本身——迸发（*progressio*）创造世界，一直到我们可以通过感官来经验到的物质世界。太一的诸本体中有一个是“神圣理智”，是太一开始感知到自身的阶段，也是一切可能知识类型的创世源头。按照新柏拉图主义的看法，人只有沿着流溢链“返回”（*regressio*），直到与神圣理智重新合一，方可获得真正的知识。 206

穆拉·萨德拉的看法与之类似，他认为知识的基础是“存在独一”原理，万物的存在最终都依赖于神的总括式存在。对穆拉·萨德拉（和魔法）来说，一切存在者的真正本性是“多中之一”（*al-wahda fil-kathra*）：在不可言说层面，万物都是同一的“物外之物”，而在描述性语言层面，万物又保有各自的差异。然而，这一本性只能通过直接体悟才能理解，也就是只能通过一种无媒介的存在性自知。换句话说，我们真正有可能做到的，唯有知己之已是，是己之已知。

穆拉·萨德拉的主要认知论观点也是魔法实在体系的关键，因此有助于我们理解一个在凡世生活中接受魔法视角的人会有怎样的体验。从这个角度看，真正的认知与真正的存在就是一回事。尽管我们可以通过感官、理性或信息知道描述性语言的对象，但它们向我们揭示的只是实在的某个层面——而且不是最深的一层。按照魔法的观点，一个人如果想将一切形式的认识建立在最根本的知识之上，那就必须去思考哪一种感知才能触及存在的不可言说维度。如果“生命”是位于存在中心的不可言说者，那么“我是谁?”和“这是什么?”这两个根本问题就可以通过同一种体悟得到回答，都是非推论的、非概念的、非命题的体悟：这是一种“由在而知”，其中知者、被知者、认知的过程三者成了一回事。

在这里，我们来到了本节标题“启入”及其与前一节“秘密”之间关系的关键。既然真正的认知和真正的存在只是同一个过程的两个不同名称，那么获得新的知识就等于获得新的存在。如果我能真正知道的只是自己是谁，那么我真正知道某物就必然意味着我要成为那个物。我要想知道不可言说者，也就是生命（从而还有我的“个体”生命），唯一的办法就是明白本质上我就是不可言说者。重点不是扩张知识，而是扩展自己的存在。做到这一点意味着，旧我的存在——我们在其中与描述性语言的序列单位完全重合——在象征层面“死去”了，而“重生”为新我，其中我们的语言维度仅仅成了一个彻底不可言说的、畅行于一切存在物之中的内核的自我显现的某个层面。这个象征性死亡与重生的过程就是启入的过程，源于古代社会，一直延续到至今尚存的神秘主义传统。

按照受米尔恰·伊利亚德作品启发的法国神学学派的看法，启入过程主要有三大要素：

> （a）原型指涉。原型是一个位于原点的模型，被认为是仪式的启入者。……通过（启入）仪式，原型让被启入者的生命圆满。

> （b）启入作为死亡的象征。启入仪式让被启入者可以脱离历史时间，同时使其与根本的时间（“原时”，*illud tempus*）相连。就历史时间而言，这就是死亡。
>
> （c）新生的象征。象征性死亡之后是新生，在启入仪式的引入下，被启入者获得了新的存在。……引导被启入者重复原初造物者行为的神话扮演着极其重要的角色：于是，启入既是创世的重现，也是神秘的第二次出生。[30]

在标志着一个人进入新年龄段的仪式（例如成人仪式），以及一个人自愿加入秘密团体的仪式中，“启入”一词总是意味着进入一种新的存在。启入仪式标志着“旧”的时空存在形式结束，“新”的存在形式开始了。于是，在圣保罗看来[31]，洗礼圣水是生命之水，也是死亡之水：信徒浸入水中象征着基督下降阴府，信徒浮出水面象征着基督复活。在启入仪式中，人脱离了先前所属的社会空间和历史时间。在启入仪式的过程中，他们真的进入了一个未知的彼时和彼处，在那里没有任何的方向标准。在许多古代社会，尤其是奉行萨满教的社会中，人在这一刻、这一处的视野会奠定他的余生。魔法实在体系的启入仪式也差不多，起点是另一种将会深刻影响并转变被启入者的形而上学的“存在视野”。接纳魔法的宇宙论本体，以其为世界浮现于经验的框架，意味着形成一种何物存在于世间、存在物彼此 *208*

30　J. Ries, *Rites of Initiation and the Sacred*, in J. Ries (ed.), *Rites of Initiation*; my translation from the Italian edition, J. Ries (ed.), *I Riti di Iniziazione*, Milano: Jaca Book, 2016, pp. 32–3.

31　Rom. 6.3-4.

如何关联的特殊视野。这意味着行动于一一映射的技术时空之外，踏入一个不可言说者发挥关键作用的世界形式；这种行动既是一种看待世界的新方式，也是一种在世界中存在的新方式。

因此，一个人采纳魔法的实在设定就是一种启入活动，过程中相当于自行施行的“通神术”（theurgy）。通神术是一种复杂的仪式技艺，人借之可以召唤出不可言说的太一，让太一以最纯粹的形式显现自身。最早对通神术做出理论阐述的是三世纪叙利亚新柏拉图主义哲学家杨布里科斯。[32] 杨布里科斯警告我们，我们只能邀请不可言说者以最纯粹的形式显现自身，断不可强迫。通神术与技术-科学活动不同，后者总是试图抓住自己的对象，使其发挥作用——就像从水流中提取电力，充当工业生产的能源。通神术——其实魔法也一样——要做的事恰恰相反，是让语言世界能够承载不可言说者的显现，而不是打不可言说者的埋伏。在杨布里科斯的表述中，通神术特别重视运用雕像，以之为太一原初本体自我显现的载体——但其实未必要局限于这一特定媒介。一个人采纳魔法视角意味着将个人的语言自我（也就是语言层面的自我认同）等同于让不可言说之光贯通的载体。作为一种通神术活动，启入就相当于——通过获得存在性知识——转变自己的存在，让自我成为一个让不可言说者可以清晰显现的适当载体。这种显现最先、最重要的见证者就是被启入者本人，他同时既是施展通神术的人，又是接受通神

32 关于通神术活动及其与杨布里科斯的深入关联的研究，参见 G. Shaw, *Theurgy and the Soul: The Neoplatonism of Iamblichus*, University Park, PA: The Pennsylvania State University Press, 1995。

术的人——正如存在性知识达到了知者与被知者的统一。

我们已经看到，获得关于个体自我存在——自我存在由两者混合而成，一者是存在物全体共有的不可言说的内核，一者是区别性的描述性语言层面——的存在性知识何以是一个启入的过程。它涉及旧的实在形式“死去”，然后在由另一套实在设定塑造的另一个世界中“重生”；它要依靠原型形式“奇迹”[33]，来充当作为生命的不可言说者显现的焦点；它是一种获得知识的性式，能够为经历者带来一场存在和本体层面的变革；它必然是“秘密”进行的，因为它不能通过描述性语言的手段来交流。尽管如此，即便是针对不可言说者的仪式也可以在一定程度上交流，启入仪式也允许某种相关知识在不同的人之间传递。这在魔法语境中会如何发生呢？怎样才能帮助一个人获得关于存在的不可言说层面——进而关于其自身存在——的存在性知识呢？如何向一个人传授这个无法交流的事实，即他是不可言说地活着的呢？ 210

解决这个问题意味着将教育概念与启入概念对立起来，同理，我们可以将信息和存在性知识视为对立的概念。按照当代语言——也就是技术视角之下——的理解，教育就是人获取信息，从而掌握更多技能的过程。教育也可以在受教育者身上引发某种转变，但这种转变仅限于技术能力的增长，指向个人由社会定义的语言结构。通过技术的教育，人学会了成为一个更优质的“处理器”[34]：更好的工程师、教授、护士、父亲、爱

33　参见第三章对第一本体的论述。

34　参见第二章对第四本体的论述。

人、公民等等。可以预见，技术时代的教育与“抽象一般实体”促使总体生产性序列最大化增长的状况有关。归根结底，技术世界中所有形式的教育都不过是培训。与生产性语言序列的无限延伸相一致，技术世界的教育不会在受教育者身上造成任何根本性的变化，只可能有渐进的变化。

相反，启入过程的目标恰恰是在其主体身上造成存在层面、本体论层面的根本性变化。人在启入后就不仅仅是其语言与生产维度的总和，同时也变成了构成存在本身的不可言说维度的显现。进入魔法实在的人是同时由自己的众多名称和完全的沉默组合而成的。前一章结尾讨论过，这样的人是一个悖论——于是恰好符合魔法通过其实在框架生成的世界。但悖论怎么能谈论呢？如何能传授呢？悖论当然不能用语言描述，除非是最浅层的悖论。启入就像公案——禅宗公案是无解的谜语，而弟子必须解开公案才被许可进入更高的禅修境界——因为用描述性语言表达出来的公案似乎不允许语言式的解决方案。启入魔法的悖论正在于肯定一点：有些境界不可用语言破解，但我们能够以不可言说的形式栖居其中。同理，传授启入知识的方式更类似于一个人邀请另一个人进入某个空间，而不是技术教育中的信息传递。魔法世界中的启入者不是知识单位的提供者，而是一个能够邀请另一个人进入自己本已栖居的空间中的人，进入的通行证则是魔法实在体系中人的生命体验的证言。与传统启入仪式一样，这是一个秘密发生的转变过程，尽管可能做了公开展示——正如公开的友谊或亲吻丝毫无损其私密性。

211

为了结束启入一节并引出下一节，简要归纳本节主要论点是有益的。首先是承接前一节“秘密”结尾，那里讨论的内容是：在当前社会约束下接纳魔法实在体系的第一步，与区分描述性语言的公共领域与不可言说的领域两者的能力有何关系。秘密是在魔法体系内开始工作的前提条件，因为秘密打开了让魔法过程得以发生的必要“空间”。在本节中，我们接着考察了那会是什么类型的“工作”。我们一上来就将其定义为兼具认识论与本体论性质的过程。之所以将其定义为一种存在性知识，是为了明确一个人接纳魔法实在体系需要一种特殊的知识，这种知识同时又是一种存在层面、本体论层面的转变。通过在存在层面上见证个体自身存在以及整体存在的不可言说维度，我们获得了一种完全不同的存在形式——也就是说，我们修改了本体论话语借以发生的根本性实在设定。这是一种与技术下的教育截然相反的启入。事实上，启入魔法就是一种通神术——只不过主体、客体和过程本身全部融为一体。然而，启入不是一个完全自我闭合的过程：与对启入活动的传统理解一样，被启入者离开了所处的社会和描述性语言环境，如此方能作为新人回到同样的环境中。下一节的题目是“仿佛”（as if），将会讲述当我们回到社会环境时，启入会给我们造成何种存在意义上的影响。 212

仿佛

用一切方式感受一切事物，

从一切角度过一切生活，
同时以一切可能的方式成为同一个事物，
在自我一身之中体现整个人类，
在弥散、丰富、完全、遥远的一刻之中体现一切时刻。[35]

我什么都不是。
我永远什么都不是。
我不想成为任何是。
除此之外，我拥有世界的一切梦想。[36]

爱国者？不，只是葡萄牙人。
我天生是葡萄牙人，正如我天生金发碧眼。
如果我天生要说话，那总要说一门语言。[37]

---

35 Álvaro de Campos/Fernando Pessoa, *A Passagem das Horas, Ode Sensacionista*, 1–5, ‘Sentir tudo de todas as maneiras, / Viver tudo de todos os lados, / Ser a mesma coisa de todos os modos possíveis ao mesmo tempo, / Realizar em si toda a humanidade de todos os momentos / Num
só momento difuso, profuso, completo e longínquo.’ 参见 F. Pessoa, *Obra Poetica de Fernando Pessoa*, 2 vols., Rio de Janeiro: Nova Fronteira, 2016。

36 Álvaro de Campos/Fernando Pessoa, *Tabacaria*, 1–4, ‘Não sou nada. / Nunca serei nada. / Não posso querer ser nada. / À parte isso, tenho em mim todos os sonhos do mundo.’ 参见 F. Pessoa, *Obra Poetica de Fernando Pessoa*, 2 vols., Rio de Janeiro: Nova Fronteira, 2016。

37 Alberto Caeiro/Fernando Pessoa, *Patriota?*, ‘Patriota? Não: só português. / Nasci port ugu ês como nasci louro e de olhos azuis. / Se nasci para falar, tenho que falar-me.’ 参见 F. Pessoa, *Obra Poetica de Fernando Pessoa*, 2 vols., Rio de Janeiro: Nova Fronteira, 2016。

这些简短的诗句出自阿尔瓦罗·德·坎波斯（Álvaro de Campos）和阿尔贝托·卡埃罗（Alberto Caeiro），大概是二十世纪两位最重要的葡萄牙诗人，也位列现代最伟大的诗人名录之上。卡埃罗是一位过着克修生活的半文盲“牧羊人”，与老姊姊住在塔霍河旁的一座村子里，坎波斯则是一位生活浮华的世界主义者，在里斯本做海军工程师。但两人有着深厚友谊，坎波斯无比崇拜自己的精神和诗歌导师卡埃罗。但此外还有一件事将两人联系在一起：他们都没有身体，或者说官方出生证明。阿尔瓦罗·德·坎波斯、阿尔贝托·卡埃罗和其他几十名诗人、小说家、散文家都是化身无数的天才哲学诗人费尔南多·佩索阿（Fernando Pessoa）的异名者。费尔南多·佩索阿本人也是他自己的异名者之一，只是作者借以在世间生活的另一个名字罢了。此外，费尔南多·佩索阿本人是次要的异名者之一，而且不是其中最重要的一个。当 26 岁的阿尔贝托·卡埃罗去世时，费尔南多·佩索阿是少数不在病榻旁的友人和弟子之一——他不能来是因为生病了，至少我们听到的是这样。但对我们讲的人是谁？这个声音——葡萄牙人口登记册和书目分类表将它分配给一个名叫费尔南多·安东尼奥·诺盖拉·佩索阿，1888 年“实际”出生于里斯本，1935 年晚秋“实际”去世于出生地的人——属于谁？佩索阿本人会说：不属于任何人，属于所有人。 213

众多论者自然没有放过讽刺的一点：在葡萄牙语中，佩索阿的意思是“人”。除了佩索阿的教益以外，还有什么更好的办法来引出如何在世界中实际当一个魔法之“人”呢？当我们想到佩索阿和他的大批异名者时，首先会把他定义为“诗人”，尽管他同样是一位多产的侦探小说家、哲理散文家、星图制作者乃至字谜作者。事实上，佩索阿不仅仅是文学意义上的诗人，诗更在他的生命之中—— 正如按照他对诗人的定义：

> 诗人就是伪装者。
> 他的伪装如此彻底
> 以至于他假装疼痛
> 他就会真的感到疼痛。[38]

214 深入佩索阿的世界意味着走进一座迷宫，每一处转弯都领你向前，同时又把你送回起点。佩索阿的异名者不是用来丰富发表经历的“笔名”。事实上，“真实”的佩索阿与“虚构”的异名者之间不曾有任何距离。与魔法中的“人”一样，佩索阿既同时是他的所有名字，又不是他的任何一个名字。他是每一个名字和任何一个名字—— 包括佩索阿本人—— 仿佛他真是这些名字似的。只有阿尔贝托·卡埃罗，在他超拔的形而上异教信仰的化身中，能够栖居在一个万物都是分明本然的自身、天性“无内 / 不藏私”的世界里。所有其他异名者，以及佩索阿本人显然都将自己在世间的存在视为一场映像游戏，他们自己全都是映像；是什么的映像？这不可能说出来—— 它确实就

38 Fernando Pessoa-himself, *Autopsicografia*, 1–4, ‘O poeta é um fingidor. / Finge tão completamente / Que chega a fingir que é dor / A dor que deveras sente.’ 参见 Pessoa, *Obra Poetica de Fernando Pessoa*。

是不可言说的。我们只能说，佩索阿、卡埃罗、坎波斯和其他所有人的存在，其实只是作为不可言说的存在本身的个例。[39] 他们其实只存在于自己的生命维度中——这个维度是独一的，畅行无阻于他们所有人身上，正如它遍行于整个存在界。但不可言说的存在到底是通过这一个还是那一个名字显现自身，那都意义不大，或者毫无意义。佩索阿的“人”披着的语言外衣只是戏服，为了在世界中生活，他们不得不在一定程度上认同这套衣服——但从来不会完全认同这套衣服。在佩索阿身上与在魔法世界中一样，“仿佛”变成了人的不可言说之维在语言描述性之维中栖居的唯一可能方式。

> （佩索阿）过着文员的生活，**仿佛**他真是一个文员；他对待自己，**仿佛**自己是另一个人；他自己写诗，**仿佛**那是另一个人的诗。……但是，这些“仿佛”当然也会造成疼痛。也许还有愉悦。就像假肢一样。“仿佛”也需要与其所指向的终端的感觉能力有一定的联系：于是，“仿佛”与终端有着相同的原理，相同的机理，或许甚至是由同样的材料组成的。那个过着“仿佛”生活的费尔南多·佩索阿显然自己也是费尔南多·佩索阿。……按照他自己的微妙区分，佩索阿的“真实虚构”是一种面对实在的态度，而不

215

39　关于佩索阿形上之思的考察，参见 J. Balso, *Pessoa, the Metaphysical Courier*, New York and Dresden: Atropos Press, 2011。佩索阿（略显平庸）的哲学随笔，收入 F. Pessoa, *Philosophical Essays*, edited by Nuno Ribeiro, New York, NY: Contra Mundum Press, 2012。然而，与当前谈论更为相关的是佩索阿的隐微作品，收入 F. Pessoa, *Pagine Esoteriche*, Milano: Adelphi, 2007。

只是文学维度，他在生活和文学中会不加区别地使用它。[40]

同理，一个已经接受了魔法实在体系的人，他对待世界的描述性语言结构就仿佛自己同意了这些结构的存在权利一样。一个人若是完全拒绝将事物区别开的语言标签，或者将噪声与话语区分开的惯例，他怎么能行走于世界之中呢？然而，这种信念在实践时总是隔着一定距离，总是包裹在仿佛的告诫之中。"如果我天生要说话，那我总要说一门语言"——但要明确一点，我永远不会将这门语言视作何物存在、如何存在、价值几何等问题的裁决者。在当下的世界结构中，我必须有护照才能跨越国境——但我绝不相信这份证件有任何除了字面意义以外的内涵。我"仿佛"是意大利人，我"仿佛"是男人，我对两者同样保持着怀疑的距离。我永远不会向这些语言分类宣誓效忠，或者为了保卫自己的民族身份、性别身份等等而危害任何人的生命。[41] 同样地，我只是在具体的营养叙事下接受可食用蔬菜和不可食用蔬菜的区分——但这个区分在形而上学层面只是"虚构"的位点，正如人们会说赫克托尔和阿喀琉斯"真实"存在过，但只存在于《伊利亚特》的具体叙事中。按照魔法的观点，我们要从字面意义上去理解描述性语言世界的偶然性：我们必须以某种方式栖居其中，但永远不应该相信这个世界有表达除了一个支离破碎的存在层次以外的任何东西的能力。这不

40 A. Tabucchi, *Un Baule Pieno di Gente: scritti su Fernando Pessoa*, Milano: Feltrinelli, 2009, pp. 94–5 and 98. *My translation from the Italian original*.

41 "党对我有何意义？我总能找到足够多的同路人，而无需在同一面旗帜下宣誓。" M. Stirner, *The Ego and Its Own*, Cambridge: Cambridge University Press, 2006, p. 210.

是一个对名称世界持怀疑论立场的问题——从语源上讲，怀疑主义代表着一种不断“提问”的态度。不管如何努力或尖锐，提问绝不能从描述性语言的领域中提取出任何超出表面所见的东西。这里的要点在于，一个接受了魔法实在设定的人必须与一切可以在“托喻”模式下言说的东西——如前所述，歌德将托喻语言与“象征”语言鲜明地对立起来——保持*距离*。如果我们要用语言学到任何除了一系列同义反复以外的任何东西，我们就应该沿着它所指向的方向走：托喻只指向自身；而越发少见的象征则指向完全超出自身的不可言说者。在两种情况下，语言都是“无内 / 不藏私”的。 216

在存在层面表演“仿佛”意味着从根本上认同存在的不可言说维度——作为生命，这个维度畅行无阻于一切物质或非物质的存在者中。此外还意味着将语言视为一种合法但卑下的实在维度——正如穆拉·萨德拉主张“存在优先于”本质。接受了魔法实在设定的人会站在存在不可言说之维（这个维度既属于他自己，同样也属于一切存在物）的角度，将描述性语言的对象视作自己的*所有物*。如此一来，他们利用了麦克斯·施蒂纳的教导，一方面是针对他们自己：

> 从它走出去，就来到了不可言说。对我来说，琐屑的语言里空无一词，而“大写的词”，也就是逻各斯，对我来说“只是空词”。我要找的是我的本质。不是犹太人，不是德国人，同样也不是——人。“人是我的本质。”……人是终极的恶魔，是最狡猾或者说最亲近的，是最灵巧的骗子，

是谎言之父。[42]

另一方面是作为自己在世界上行动和想象的一般性方法论：

> 如果是为了被人理解和交流沟通，我当然只能使用人的手段，这种手段我是掌握的，因为我同时也是人。而且事实上，我只是作为人才有思维；而作为我，我同时又是无思的。若不能摆脱思想，那就只能是人，是语言——这人的建制，这人类思想的宝库——的奴隶。语言或者说“词”对我们最是暴虐，因为它动用了一整支成见的大军来对付我们。只需看一看正在反思的你自己，现在就看，你会发现只有每一个无思无言的时刻才有进境。你不止在（打个比方）睡梦中无思无言，甚至在最深度的反思中也是；没错，正是那时才最无思无言。只有通过这种无思状态，这种不被承认的“思想自由”或“摆脱思想的自由”，你才是你自己。只有通过这种方式，你才能将语言作为所有物来运用。[43]

217

如果我们在它的根源性创世论的语境下考察这一方法论，我们就能理解，它是如何联系于魔法世界中存在之不可言说与语言这两个维度的关系。如果我们将“不可言说”和“描述性语言”替换成其各自的极限原理“纯粹存在”和“纯粹本

42 Stirner, *The Ego and Its Own*, pp. 164–5.

43 Ibid., pp. 305–6.

质”（如第二章和第三章之间的插曲所述），便会明白这种指导世间生活、想象、行动的方法论何以最终构成了魔法实在最明显的形式。在插曲中，我们提出将“实在”本身理解为纯粹存在与纯粹本质两极之间的空间：两极间的具体距离和关系构成了一个或另一个实在体系（在这里是魔法实在体系）的具体形状。通过“仿佛”这条生存策略，我们再一次重新创造了存在与本质之间、不可言说与语言之间的距离，也就是“存在”本身的基本必要条件。如此一来，我们就重建了实在——手段是与技术消灭实在本身的路径背道而驰，就像镜面反像运动。

于是，“仿佛”法就实际展现了魔法经由个人生活体验，在世界上留下的创世印记。究其本身，它只是在世界中“不分有的分有”和“遥远的在场”，是描述性语言领域中的“隐喻信念”。作为一种方法，它的主要合理性在于有用，而非真实。十九、二十世纪德国哲学家汉斯·费英格（Hans Vaihinger）对这一区分给出了重要的洞见，尤其是1911年出版的影响力巨大的著作《仿佛的哲学》（*Die Philosophie des Als Ob*）。从康德的一些基本直觉出发，费英格发展出了一个令人晕眩的哲学体系，其基础是这样一种观念：我们与世界打交道的方式总是基于“虚构”，而非“事实”，甚至都不是基于“假说”。费英格主张，因为世界本身对我们的理性思维是隐藏的，所以我们不能通过可验证的假说来过生活——反而必须总是编造出虚构的概念和想法，用它们来航行于世界，“仿佛”它们是“真”的。这种虚构行为——费英格努力在几乎所有人类活动领域中追寻它，从

218

现代科学到神学——的意义在于，它对我们是有用的。

> 这让我们得以建立秩序，形成某种区分，哪怕只是肤浅的区分。……其次，交流成为了可能。……只有通过形成有限数目的范畴，我们才能以可理解的方式来交流发生的事情或产生的印象。通过将现实归入范畴，个体间的类比便会借助某些已知的类比而成为可能，马上在听者身上唤醒说话者想要传达的想法。这又与第三点相关：理解——从我们的角度来看，是理解的幻觉——就是根据某些已知的类比去思考现实而产生的。感觉汹涌而来的巨大压力被减轻了，感官印象的张力被消除了，这是由于它们被归入了不同的类别。我要马上补充一句，这完全是因为语言才成为可能的……因为只有通过语言这一手段，存在才可能被分门别类。最后，只有通过这一手段，行动才能够被决定。[44]

219 于是，按照费英格的看法，关于我们对世界的观念——我作为个体存在，这块石头和构成它的原子存在，自由存在，等等——我们都应该装作它们“仿佛”是真的，因为这样一来，我们就能在世界中有尊严地存在。事实上，这些观念不应该被视为任何本身为真的东西的表征——它们并没有真实地表现任何先在于它们的东西——而且一旦失去了用处，或者被更

44 H. Vaihinger, *The Philosophy of the ‘As if’*, translated by C. K. Ogden, London: Kegan Paul, Trench Trubner & Co., 1935, p. 176.

好的虚构取代，它们就应该马上被抛弃。同理——尽管与费英格的视角有一些重要区别——魔法之所以将“仿佛”采纳为一种人在世间的生存策略，其基础在于“仿佛”有用，而非它在根本意义上是真的。一方面，通过接受世界的语言分类，“仿佛”它们是真的，我们能够参与社会生活，扩大在世间的活动范围。另一方面，我们这样做的基础是魔法宇宙论，于是能够以一种象征的方式来建构与我们关系最密切的“仿佛”——例如自我观念——也就是以一种既不会压抑我们对存在不可言说之维的觉知，也不会阻碍不可言说之维自我显现的方式。

然而，如果在当今技术体制的语境下来思考魔法的“仿佛”策略，我们也可以将它解读为一种反抗——尽管是一种特殊的反抗。比方说，这种反抗经常发生在公共视线之外，虽然偶尔也可能采取更容易被公众看到的形式。它没有直接对抗当今的社会现实及其基本原理，而是试图从内部将其掏空。魔法中人已经生活在了另一种实在结构中，于是创造出了技术创世以外的另一种直接有效的情形。这一行动路径的目标不是辩证地克服现状，而是越过现状。这是一种退隐（withdrawal），也是一种退出（exit）——而且这种退出同样是另一种实在体系的根基。技术正对我们的生活大力施行“生命政治”殖民运动，相应地，魔法对世界最初造成影响的地方正是人对世界的生命体验层面。通过将个人的存在性参与从技术制度下的牢笼中解脱出来，魔法的“仿佛”从核心处侵蚀着维系和构成技术世界大厦的材料本身。

然而，这种“政治”目的并非一个人接受魔法实在设定的主要原因，而只是有益的结果，正如接受无政府主义的“预兆式”（prefigurative）实践（也就是，过着仿佛已经实现了彻底解放的生活）虽然有宏观政治层面的公共影响，但只是表现而已，并非主要目的。事实上，无政府主义实践与个体在当今技术世界中接受魔法实在体系的做法之间不仅仅有表面上的联系。魔法主张的脱离策略（disengagement）——用弗兰克·比弗·贝拉迪的话说，是“解离”（disentanglement）——呼应着一种特殊的无政府主义形式，后者有一批看似无甚关联的支持者，比如希腊化时代的昔兰尼学派、个人无政府主义者麦克斯·施蒂纳和成熟期的恩斯特·云格尔。[45] 后者为那些按照魔法的主张来处理自己与所处时代占据霸权地位的实在形式之间关系的人起了一个名字：“安那其”（Anarch）。

220

我们在第一章中简短提到过恩斯特·云格尔。在他长达一个世纪的写作生涯中，云格尔起初认为技术是当代的实在原理，同时提倡全心全意地接受技术对世界、对世界中生活着的我们的改造。尤其是在 1932 年的《劳动者》[46] 一书中，云格尔既描绘了技术对生命和世界的骇人的“完全动员利用”，又鼓励他的

45 这种特殊的“无政府主义思想”也可以算做一种非正统形式的“后无政府主义”——当代持这一观点的主要理论家是索尔·纽曼，参见他的重量级著作 S. Newman, *From Bakunin to Lacan*, London: Lexington Books, 2001；以及最新的系统论述 S. Newman, *Postanarchism*, Cambridge: Polity Press, 2016。这一思想与米歇尔·翁弗雷等人一派的后无政府主义有一些重要的相似点（也有一些巨大的分歧），参见 M. Onfray, *La sculpture de soi: La morale esthétique*, Paris: Grasset & Fasquelle, 1993。

46 E. Jünger, *The Worker*, Evanston, IL: Northwestern University Press, 2017.

读者热情追随技术的创世律令。直到第二次世界大战后，原子时代的黎明之时，云格尔才彻底修正了自身哲学观的伦理面向。他早年曾相信，拥抱技术会让人类进入一个新的英雄时代；但年纪渐长的云格尔发现，技术的虚无主义是对世间一切生命、想象和行动的可能性的彻底毁灭。他的根本转变在 1951 年的小册子《入林》中完全成形了[47]。云格尔在书中提出，对当代世界的唯一可能回应方式就是"遁入林中"—— 这片森林应当理解为人心中的那片不可言说的荒野。对云格尔来说，走进森林意味着夺回被技术驱逐的、不可归约为序列生产的存在维度。原书名（*Die Waldganger*）指的是冰岛的一种习俗，即将触犯集体规则的人驱逐到森林里；对云格尔来说，我们可以追随我们自身被技术驱逐的不可言说之维走进"森林"，然后从那里追寻另一种独立的新生活。

221

几年后，1977 年，云格尔如同梦呓的反乌托邦小说《尤姆斯维尔》出版，[48]充实发展了《入林》中的观念，而且或许没有《入林》那样乐观。云格尔在书中首次展现了一个能够将遁入森林与社会生活环境中的某种伪饰结合起来的"安那其"形象。"入林"可以在虚无主义"如日中天"的胜利时代发挥一定的作用，而"安那其"则最能行存于虚无主义建国立邦后的无尽午后。云格尔指出，安那其只是无政府主义者的远房亲戚—— 更接近个体在技术世界中过上的私密的、魔法的"仿佛"生活。

47　E. Jünger, *The Forest Passage*, Candor, NY: Telos Press, 2014.

48　E. Jünger, *Eumeswil*, New York, NY: Marsilio Publishers, 1994.

> 无政府主义者处于依附状态——既依赖于自身不明确的欲望，又附属于掌权者。他在掌权者身后如影随形；统治者永远监视着他。……无政府主义者是君主的敌人，梦想将君主消灭。他把君主本人赶下了台，同时又巩固了王位继承制。“主义”这个后缀是有限定含义的；它牺牲了实体，从而突出了意志。……安那其是无政府主义者的积极对应物。安那其不是君主的对手，而是君主的对位，他在君主的影响范围之外，尽管同样危险。他不是君主的敌人，而是君主的吊坠。毕竟，君主想要统治许多，不，所有人；而安那其只想统治自己一人。[49]

222 尤姆斯维尔城或许与当今世界不无相似，内战连绵不绝，传统权威扩张成为了无孔不入的生命权力，同时一切意义和可能的选择都被一扫而空，与全方位监控相辅相成，确保绝对的政治静止。到了这个阶段，任何公开反抗的企图都是自杀，最多不过是徒劳，而且无论如何都会迅速被对手吞噬——这在晚期资本主义的今天是太常见了。在完全由虚无享乐统治的尤姆斯维尔城，反叛者不是那些身穿无政府主义的行头游行的人，而是能够完全消失的人。通过消失不见，安那其夺回了保持自主性所需要的空间——即便不是物理空间，至少是心理空间——进入属于自己的施蒂纳式“创造性虚无”的内心“荒野”，同时每当有机会时就对权力发起猛烈回击。

---

49 Jünger, *Eumeswil*, pp. 42–3.

幸福结局

每一个把一本书坚持读到最后一章的读者都值得一个幸福结局。我一直难以接受一部电影或一本书让我沉浸了好几个小时，最后却来了一个坏结局——或者更糟，根本没有结局。这就好像有人让我走好几英里到他家，结果等我总算进去的时候，房顶却塌了下来。于是，按照本书的叙事/神话语调，我也想给我的读者一个幸福结局。但从当今世界对魔法的存在体验这一角度出发，这个幸福结局会是什么呢？或许我们应该先来看一看技术视角下的“幸福结局”概念是什么，同时也是最后一次总结两个体系之间的主要区别——以便将魔法和技术下的幸福结局做一更仔细的对比。

于是，这最后一节的起点是“从此以后，他们幸福地生活下去”。有人可能试图从“幸福生活”，尤其是“幸福”二字中寻找技术与魔法两条路径的区别。但事实上，我们应该关注的是“从此以后”。我们来观察一下，幸福结局中的“从此以后”在技术和魔法两个实在体系下有怎样不同的面貌。我们认为它在前者中是“安全”的产物，在后者中则是“救赎”的结果。 223

如果要列一张当今时代的“终极目标”清单，“安全”肯定会名列首位。技术世界对安全这个概念有一种病态的迷恋，对安全的执着在社会生活的各个层级都清晰可见。政治与公民权利的取消、共情与团结的瓦解、人体的全面药物化、对性向的偏执态度、将人生最美好的年纪献给雇佣劳动、将大学转变成不断提升从业技能的培训中心、执迷于个人账户与通信记录的加密等等，这些事情的终极合理性都是安全。从作为创世之力的技术角度看，“好”就是序列性生产的无止境扩张，而从“抽象一般实体”（比如我们人类）的存在角度看，这个“好”的形态是获得“安全”。换言之：语言单位的无限生成是技术体系的宏观宇宙论目标，而它在技术世界中个体存在层面的意识形态等价物就是安全。我们后面会讲到，这两条原理并不矛盾，甚至不存在竞争关系，其实只是技术伦理的不同视角罢了。

“从此以后”意味着“永远”，而“永远”的隐含意思是，这里涉及的主体达到了稳态。但在技术体系下，这种对永恒的要求似乎是技术世界中的任何人都不可能达到的；第一个原因在本书前半部分已经说过了，因为技术摧毁了任何人成为主体或客体的可能性；第二个原因在当前语境下可能更重要，那就是技术世界完全依赖于一种“变化”（becoming）的本体论。永恒稳定之物与“变化”之物的二分是哲学史长久以来的一个特征。至少从柏拉图时代开始，稳定与永恒就一直被赋予超越的领域，而可感知的物质世界则被认为属于变化的领域。但从技术角度出发，变化与稳定的划分并不依赖于传统的物质/非物质或理性/感性之分，而是建立在技术自身的特殊本体论上。稳定永恒，因而不会变化的东西不可能被插入生产序列链中。绝对语言依赖于变化，因为绝对语言序列中的每一个位点都是完全作为生产另一个序列位点的工具而发生的。正如我们在讨论技术的章节中所说，整个技术宇宙论的基础观念是，物在世界中在场的唯一模式就是作为工具——也就是说，它从来不是

“为了自己”，而总是“为了他物”。技术世界是由“变化”构成的，无可逃脱：任何自身稳定或永恒的物都不允许进入这个世界。

从我们之前对技术的讨论来看，以上内容都很好。但读者应该还记得，我们在技术流溢链的末端发现了某物在顽强抵抗着技术将万物泯灭为纯粹工具的做法。这个某物——它在魔法体系中是另一种创世论的原点——在技术世界的所有生命形式中都是以痛苦哀嚎的形式出现的。这个某物在技术创世论中是下限，而到了技术世界的个体存在体验中却成为了中心部分（尽管是痛苦的、不合法的一部分）。这个某物——我们之前称之为“生命”——拒绝接受技术对变化的全面拥抱，对技术否决一切永恒和稳定形式的做法发起了挑战。生命努力逃避被撕成碎片，卷入无尽变化的漩涡，而生命的痛苦在回响着，它要求找到一个稳定自得之所。生命，乃至有死的生命，总会追求分有永恒。因此，技术对世界的治理必须考虑到这项不可能达到的要求，如果技术接受了它，它便会危及整个技术宇宙论的结构。但技术要如何解决这个看似无解的谜题呢？

在这里，“安全”概念是完美的回答。通过追求安全的意识形态，技术——至少在部分程度上——顺应了无可压抑的稳定诉求，同时又没有放弃自身工具性的变化本体论。当然，做到这一点是有代价的——我们在当代世界中的一大部分经验都承受着重大的代价。让我们看一看这个答案是如何展开的。如前所述，技术不能超越变化，也不能回避变化，因为那样做意味着承认一个技术序列生产领域之外的空间。然而，变化虽然不能回避或克服，但还是可以调节的。安全是技术世界借以调节自身变化流的意识形态框架。安全的变化并不是被否认或超越的变化，而是被暂停（suspended）的变化。安全意识形态向技术世界的居民许诺了一种平滑的、仿佛暂停在真空中的变化流。在当代的超高速活动以及技术不断加速生产活动、越过一切界限的语境下，这一许诺或许听起来自相矛盾。然而，生产速度与变化速度不应该混为一谈。变化指的是，寓于技术世界之“物”（也就是生产单位，或者抽象一般实体）在存在层面是短暂的；放缓乃至于暂停变化意味着，生产单位和抽象一般实体几乎可以永远在世界中在场。其实，无尽在场的生产位点与技术无止境的生产速度绝无矛盾——反而是契合的。

225

但变化如何能暂停呢？我们又如何能描述这种暂停状态呢？换句话说，“安全”世界长什么样子？技术世界给出的存在意义上的“幸福结局”与我们之前在技术创世流溢链末端发现的东西不无相似之处。在那里，我们看到了技术是如何应对不能被归约为绝对语言的生命的，要点是将生命呈现为技术扩张的“可能性”。在这里，技术在存在和意识形态层面故技重施。安全的物，也就是被暂停下来的变化，被归约为纯粹潜在的状态。如果一个变化在实现层面发生了——一个物真的变成了另一个物——那么反过来在潜在层面，变化既作为原理保存了下来，又被解除了威胁性。变化变成了变化的潜力，于是既得到了扩张和强化（因为可以变化的方向甚至更多了，至少在潜在层面上），又被遏制在瘫痪状态中。

工具本身永远是一种潜在，而非实现的形式——因为工具性恰恰在于它让其他实体在场的潜力。但在技术中，我们注意到工具性是如何被加强到极点的。物在技术世界中仅仅作为工具存在，而且它们越是工具，就越能够激活更多的其他生产位点（也就是使这些位点在场）。只是我们应该记住一点，技术里的工具概念不只是功能性的，更是本体性的。在技术世界中，抽象一般实体（也就是包括人类个体在内的“物”）集操作员、原材料和生产工具于一身；“物”仅仅作为最绝对意义上的工具发生。而且既然工具的在场模式是潜在（而非实现），于是工具在技术世界中的完满在场就是将自己转化为纯粹的潜在版本。在这个意义上，完美的“物”变成了最安全的“物”，反之亦然：一切绝对安全的物都被归约为一种纯粹潜在状态，具有变成其他任何物的潜力。 226

日常生活给了我们大量机会来观察这个将“物”转化为纯粹潜在状态的持续过程。自然资源暂且不提——海德格尔已经有过充分论述，说自然资源只不过是“备用材料”——我们在人类自身的生活中也能感受到这一过程。从医疗到教育，一切形式的活动似乎都是为了扩大人自身的潜力：通过获得新技能来提高潜在的就业能力，通过遵循严格的饮食方案来延长潜在的寿命，通过获得新公民身份来增强潜在的社会保障能力，通过实施高效工艺来提高工厂潜在的生产力，通过发展先发制人的核武库来提升国家潜在的反击能力，等等。真正要紧的不是我们今天能做什么，而是假如我们致力于自我提升，明天能做到什么。更准确地说，真正要紧的不是我们今天是什么，而是我们明天能变成什么。一个“物”扩张自身潜力的办法是通过它的活动。就连宏观经济学中衡量一个国家总体活动水平的量化指标（国内生产总值）主要看重的也是潜力，而非实际水平——进一步扩大生产的潜力，实施新投资的潜力，该国确保股票分红的潜力，支持增发国债的潜力，等等。同理，还有我们在个人生活中的潜力。与整体宇宙论结构相一致，技术将活动的主要目标——如果不是唯一目标——表现为提升世界及其所有居民的工具性潜力。在这个意义上，活动成为了技术世界中变化发生速度的调节器：通过调节潜力的扩张，活动得以调节变化的流动。

然而，这一特定的行动模式也表现出了一些令人惊讶的特殊之处。开始讨论前，我们先对前文作一简短回顾。我们在前面看到了技术本体论是如何拒绝一切稳定、永恒或“自在”之物，而采用一种无尽变化的工具性本体论。尽管这一立场在宏观宇宙论层面是无可争议的，但它在世界中的存在性应用还是遇到了一些严重的困难。尽管技术致力于消除那个寓于技术世界之中、感到疼痛的“某物”——生命——但生命依然抵制被归约为纯粹工具性的变化。作为其治理世界手段的一部分，也作为表示关怀其活生生的居民的一种姿态，技术发展出了安全这一意识形态。安全提出要让普遍的变化状态变得可以忍受，方法不是超越它，而是调节直至暂停变化的流动。看似矛盾的是，这种调节是通过一种对活动的特殊运用方式而实现的：事实上，技术生产的狂乱步伐被用作一种手段，来减缓吞噬世间一切在场之物的变化节律。活动之所以能调节变化的步伐，是通过扩张每一个物（也就是每一次变化）的潜力，而非专注于实现物的现实性。换句话说，在意识形态层面，当代几乎遍布一切生产领域的超高速活动是倾向于无尽扩张世界及其居民的潜力，而不是发挥潜力，达到明确实现的状态。这样一来，“物”的实际变化就陷入了无定的暂停状态，同时又在自身中培养出不断增长的潜在变化的范围。在当代活动的塑造下，世界中的每一个“物”自身都蕴含着变成另外任何一个“物”的潜力（或者用技术的话说，每一个位点都可以变成另外任何一个位点），但永远不会真的被迫变成任何物。一个物在技术世界中完满的、“最安全”的状态就是本身什么都不是，但总是能够迅速变成其他任何东西；这就是完美工具的状态，同时是自己的原料、工具和产品。

那么，这种活动有什么特殊之处呢？或许令人惊讶的是，这种活动的特点就在于完全无效。事实上，它专注于扩张潜力，而非带来任何实现的形式。它专注于让任何新的语言位点（也就是任何“物”）的在场成为可能——至少是理论上的可能——但在实践中又没有真的这么做。世界的现实性，连同世界在变化过程中的现实退化与更新，都被世界的潜在形式所取代：世界变得“安全”了。换句话说，技术世界中的活动是元语言的，而不是语言的；它产生了语言领域在理论层面的大规模扩张，但在现实中又什么都没说。川流不息的超高速活动只是表层，就像我们的繁华街道和信息高速公路一样，只是一个沉睡实体的荧光涂层。技术世界是一个万事皆可发生，但实际上无事发生的世界。无物稳定，但也无物变化。达到完满的技术世界已经完全将变化内化，变化不再是不同的“物”（或位

228

点）之间的运动，而是每个“物”（或位点）之内的下沉漩涡。技术的实在是静止的无尽水流，仿佛冻结了一般；潜在层面无比高效，但在实现层面完全无效。[50]

技术世界中行动的毫无效力，恰好是始于远古的仪式行动所具有的终极效力的反面和镜像。正如我们在第三章结尾处考察吠陀中的奠酒仪式时所说，仪式行动追求效力，而非效率或规模，不管手中工具的大小。哪怕是献上一杯奶这样微小的仪式，也能够重建整个宇宙的秩序。这种仪式行动与技术世界中的活动有何区别呢？思考这一区别就意味着思考技术的“安全”观念与魔法的“救赎”观念之间的区别。“幸福结局”就是贯穿整个故事的情节线索达到了圆满和终结——现在，让我们看一看魔法会怎样结束自己的“概然故事”。

为了走向魔法的“幸福结局”，我们可以首先迈入一片几无幸福可言的领域。在 1973 年的一次访谈中，埃米尔·齐奥朗（Emile Cioran）有一句名言：“自杀的念头救了我。要不是有自杀的念头，我肯定会自杀的。我之所以坚持活了下来，是因为我知道我可以选择自杀，它总在我的眼前。”[51] 齐奥朗的这句话对我们如何回应技术世界有许多启发。在一个被要求处于胚胎般的昏迷状态的世界中，世界中活着的居民要努力走出这片

229

50 “我们……如何能应付无效的死亡 / ……它如大海一般，/ 人人都是伊卡洛斯，…… / 而且我们身边发生着这么多事 / 所有事又同样无关紧要，是啊，无关紧要 / 虽然又是如此艰难，如此非人得艰难，如此痛苦！” Aleksander Wat, *Before Breughel the Elder*, in *Selected Poems*, London: Penguin, 1991, p. 27.

51 Emile Cioran in conversation with Christian Bussy, 1973, online at https://www.youtube.com/watch?v=LhR536ao_cg (last accessed 30 April 2017).

变化被暂停的荒漠。可悲的是，对每年成千上万的人来说，出路的实现形式是自杀。更糟糕的是，对数以百万计的其他人来说，逃脱瘫痪状态的愿望采取的形式是在政治上支持破坏环境的政策，支持发展毁天灭地的核武库。然而，这两种最黑暗的愿望不应该完全从表面上理解。两者的起源都不是真正想要消灭自己或杀死别人，而是揭示了一种毁灭“世界”的愿望——这里的世界是某种实在体系的产物。两种自杀倾向其实都是怀有希望的策略，指向走出当前的实在体系及其带来的世界的需要。事实上，这正是魔法从生命的痛苦哀嚎——它在技术创世论的底层，也在技术世界的中心——中学到的第一课。这堂课告诉我们，生命要的不是自身变化的暂停，也不是自身解体的虚拟化，而是要实际找到一个世界“之外”的地方——确切来说，是为了能够在世界中生活。为了能够在世界中维系自身，生命需要在世界之外有一个立足点。在那里，魔法通过自己的“救赎”意识形态反对“安全”的意识形态。与技术中的安全一样，救赎是魔法创世原理——从如何将原理应用于世界的角度出发——在存在层面的对等物。

让我们来观察安全与救赎的几个关键差别。第一，安全是一个消极概念：安全就是不受某个威胁的侵害，而不是物的内在属性。如前所见，安全特指保护技术的变化世界中“物”的在场，避免物在变化过程中迅速退化。相反，救赎是一个内在的积极概念。诚然，我们可以说在海难中得救，但这并不意味着得救是海难的消极对立面，而是走出海难的行动。换句话说，安全具有“病理性”，因为它是作为敌对行动者的消极对立面而 230

建构起自身的；救赎则具有“疗愈性”，因为它是围绕“健康”概念建构起来的。魔法世界中“得救”的实体是变得“健康”的实体——而物的“健康”就是采取悖论的存在形式：既不可言说，又言说，既永恒，又在变化之中，既是实在，又是潜在。魔法的疗愈作用恰恰在于帮助世间万物同时存在于世界之中和世界之外，就像魔法创造出了一个同时在语言之中和语言之外的宇宙一般。于是，救赎首先是为变化世界打开了一个超越时间性的维度，同时也是将不可测度的时间性与变化世界的镜像交织在一起。[52]

在此基础上，救赎以实现为目标，而不像安全注重潜在。救赎的意义是不让世间实体被归约为绝对语言的状态中，在这种状态中，实体潜在地可以激活任何生产序列中的每一个语言位点。救赎指的是将一个实体解救出来，以免其纯粹等同于自身的语言维度，也是让这个实体接受存在的不可言说的生命维度。事实上，正是从不可言说的生命的角度出发，实体才能主张真实的存在，同时能够驾驭隐含于语言维度之中的潜力。不管一个存在物潜在地能占据世上的多少个语言位点，它总是真实存在于不可言说的维度中。而且它总是稳定地、永恒地存在于那里。在生命维度中，魔法世界中的每一个物都是遍行无阻

52 “这种修复（Tikkun）既虚弱而不住逡巡的修复，又同时摆脱了历史主义的妓院和预言家微茫的咒语……不是预见未来，而是尽力救赎（意大利语原文是 salvezza，英语译者译为 redemption，均为“救赎”的意思）每一刻，以那一刻作为自己的名字，同时救赎这个词得以重现自己的突出象征地位，而且是站在托喻和托喻的废墟的顶峰。末世之‘余’（reserve）的阴影将自身投射到每一个事件上，足以将我们……从一切时间崇拜中解脱出来。” In M. Cacciari, *The Necessary Angel*, translated by M. E. Vatter, Albany, NY: SUNY Press, 1994, p. 53.

于世界之中和世界之外的、稳定的、永恒的、不可言说的存在的显现。从这个位置出发，它就能够经受住控制着它、吞噬着它的语言维度的变化过程。只有在永恒的基础上，它才能够变老和死去。这并非不朽灵魂与有死身体的传统区分，而是一个人灵魂或身体之内的永恒维度与有死维度的区分。存在的语言维度总是在真实地变化、转化和消亡，而不可言说的存在内核则一直处于真正的稳定、永恒、与其他一切存在物完全合一的状态。在魔法世界中，这两个维度是一起同时发生的——尽管依据的时间体系不同——在实际中也是不可分离的。我们前面提到圣显时说过，神石既仅仅是一块石头，又是不可言说的神性显现之所；同理，在魔法世界中，变化的每一个例既不过如此，是有朽的，正在腐坏的，但同时又分有着永恒。借用穆拉·萨德拉的话，我们可将其称为“多中之一”（*al-wahda fil-kathra*）的状态。

231

在这个意义上，魔法世界并不真的需要救赎，因为其中的万物原本一直是得救的。[53] 魔法创世论的核心观念是，世界和世界中的万物皆为悖论，既是不可言说，又是语言，既是永恒，又是变化。于是，魔法世界一出来就已经是“健康”的，已经是“得救”的。[54] 那么，魔法的“救赎”是为了什么呢？我们必须再次提起世界的宇宙论面向，与世界中的居民对世界的存在

---

53 “如果没有威胁，救赎从何谈起？” A. Zagajewski, *Selected Poems*, London: Faber & Faber, 2004, p. 156.

54 “将教义理解为……象征，就是‘解开’教条主义，那就是复活的含义，彼世的含义，或者毋宁说，理解已经就是复活。” Henry Corbin, *Alone With the Alone*, op. cit., p. 200.

体验两者之间的区分。即便通过魔法实在框架浮现出来的世界本身已经是得救的，但世界中的个体未必能在存在体验中一下子明白这一点。一方面，在第三章末尾就讨论过，这是因为魔法创世论需要不断重新创造世界。从这个角度看，救赎恰恰在于不断以象征形式建构世界（以及个体自身）的语言维度。另一方面，同一个世界从创世之力（即第一本体）的角度看是一个样子，从世间众生（即第一或最后一个本体）的角度看又是另一个样子。一件事从作为生命的不可言说原理角度看清楚分明，而在我们这些活悖论的眼中可能就会混乱不清了。活生生的个体尽管在宇宙论层面已经“得救”，但在对世间生命的感知层面或许还需要救赎。

232

当魔法实在体系在关于世界的社会叙事中处于极度边缘地位，就像今天的技术时代这样，那就更需要救赎了。在当代世界中，活生生的个体很难承认自己总是已经得救了，更不用说积极接纳了。相反，技术世界倾向于将个体生命体验束缚在一个特定的精神病理场域中，我们不妨将其定义为“冒名顶替综合征”。在技术世界中，只要某物活着，它就总会以某种方式反抗技术将它消灭、使它沦为生产序列中纯粹语言位点的企图。于是，个体（人类或非人类）以及整个世界本身的生命维度都被贬为不合法的在场。它不愿意完全消散在生产性语言的稀薄空气中，这种反抗等同于犯下冒名顶替的罪；只要某物活着，且分有技术世界的各种可用位点，它就是冒名顶替者。但与此同时，这种冒名顶替行为无法被真正拯救，因为技术既不能完全消除存在的不可言说维度，又不愿任由它延伸到技术世界“以外”。于是，有生命的个体被困在了一种既是囚禁、又是驱逐的状态，很像被困在边界官僚机构死局中的无国籍者。事实上，有些与宇宙论相关的看似抽象的处境，其实正是当代世界各地越来越频繁发生的精神问题的背景。表面上，这个问题大多以抑郁的形式出现，但其实只是一种深刻得多的形而上处境的症状，而且是必然的、无可避免的症状。

面对这种痛苦的处境，魔法提出了一种疗法——目的是在人的实在体系这一基础层面治愈这个问题——而疗法的成果就是“救赎”。在这个意义上，“救赎”又是成功逃脱技术创世形 233 式的形而上霸权的体现。于是，哪怕一个人在宇宙论层面无需救赎，他仍然需要有已被救赎的意识；换言之，他需要慰藉。魔法实在体系的目标是慰藉接受它的人，方法是重建其对自身和世界的体验，向其揭示自身先在的、永恒的得救状态。魔法整体计划的这个方面或许会让你想起诺斯替主义，后者认为获得某种特定的知识就几乎自然会带来救赎。但除了魔法与诺斯替主义显而易见的神学差异以外，这两个体系赋予各自原理性知识的力量也是不同的。在诺斯替主义中，这种启入具有绝对意义上的效力：它描绘的世界被认为是唯一真实的世界，因此，由启入带来的本体论转变是完全的、绝对的“真实”。与此相反，魔法实在体系只不过是一种可能的实在体系。认识它所带来的本体论转变是有认知层面的限定的，因为转变的发生依赖于接受魔法实在体系。在魔法宇宙论内部，个人和世界总是已经得救了，因此进入它只不过是一种慰藉的形式。但在魔法宇宙论之外——也就是在任何其他可能的实在体系中——这种救赎不会奏效，而且常常不可能发生，就像在技术实在体系中那样。于是，尽管救赎在魔法内部不会造成任何本体论层面的影响，但从一个实在体系进入另一个实在体系——在这里就是从技术实在体系进入魔法实在体系——确实是有真正的本体论后果的。

在某种意义上，魔法的幸福结局总是已经刻在魔法创世故事的开头。在一个以悖论形象为完满象征形式的宇宙论中，这实在没什么好惊讶的。然而，在结束本书的最后一页之前，我们应该为魔法自己的创世故事给出一个最后的意象，一个最终的结局。在现实中，救赎究竟长什么样？当魔法的故事终告结束时，缓缓淡出的最后一幕是什么？俄国诗人费多尔·伊万诺维奇·丘特切夫（Fëdor Ivanovič Tjutčev）以祈愿的形式为魔法的终章献上了一幅美好的画面。

234

我的心愿意做一颗星，
但不要在午夜的天际
闪烁着，像睁着的眼睛，
郁郁望着沉睡的大地——

而要在白天，尽管被
太阳的光焰逼得朦胧，
实则它更饱含着光辉，
像神仙一样，隐在碧霄中。[55]

55 译者按：译文出自《丘特切夫诗选》，穆旦译。

参考文献

图书

Abrahams, M. H. and G. G. Harpham, *A Glossary of Literary Terms*, Stamford, CT: Cengage Learning, 2015.

Aligheri, D., *Divine Comedy*, translated by the Rev. H. F. Cary, London: Wordsworth, 2009.

al-Ghazali, *The Incoherence of the Philosophers* (Tahâfut al-falâsifa), Provo, UT: Brigham Young University Press, 2002.

al-Ghazali, *The Niche of Lights* (Mishkat al-Anwar), Provo, UT: Brigham Young University, 1998.

Aquinas, T., *Summa Theologica*, 5 vols., Notre Dame, IN: Ave Maria Press, 2000.

Ariosto, L., *Orlando Furioso*, 2 vols., London: Penguin, 1975.

Augustine, St., *City of God*, London: Penguin, 2003.

Augustine, St., *On Genesis*, New York, NY: New City Press, 2004.

Babbage, C., *Passages from the Life of a Philosopher*, London: Longman, Green, Longman, Roberts & Green, 1864.

Balso, J., *Pessoa, the Metaphysical Courier*, New York and Dresden: Atropos Press, 2011.

Baudelaire, C., *The Flowers of Evil*, Oxford: Oxford University Press, 2008.

Bede, *The Reckoning of Time*, Liverpool: Liverpool University Press, 1999.

Berardi 'Bifo', F., *Futurability: The Age of Impotence and the Horizon of*

Possibility, Verso, 2017.

Berardi 'Bifo', F., *Heroes*, London and New York: Verso, 2015.

Berardi 'Bifo', F., *The Soul at Work*, Los Angeles, CA: Semiotext(e), 2009.

Berardini, S. F., *Presenza e Negazione: Ernesto de Martino tra filosofia, storia e religione*, Pisa: Edizioni ETS, 2015.

Blake, W., *The Complete Poems*, London: Penguin, 1977.

Blok, A., *Selected Poems*, translated by J. Stallworthy and P. France, Manchester: Carcanet Press, 2000.

Boethius, A., *The Consolations of Philosophy*, London: Penguin, 1999.

Boiardo, M. M., *Orlando Innamorato: Orlando in Love*, Anderson, SC: Parlor Press, 2004.

Bruno, G., *Opere Magiche*, Milano: Adelphi, 2000.

Burckhardt, T., *Alchemy: Science of the Cosmos, Science of the Soul*, Louisville, KY: Fons Vitae, 2006.

Burckhardt, T., *Considerazioni sulla Conoscenza Sacra*, Milano: SE, 1997.

Burckhardt, T., *Mystical Astrology According to Ibn Arabi*, Louisville, KY: Fons Vitae, 2001.

Cacciari, M., *The Necessary Angel*, translated by M. E. Vatter, Albany, NY: SUNY Press, 1994.

Calasso, R., *Ardor*, London: Penguin, 2014.

Calasso, R., *Ka*, London: Vintage Books, 1999.

Calvin, J., *Deux épitres contre les Nicodémites*, Geneve: Librairie Droz, 2004.

Calvo, T., and L. Brisson (eds), *Interpreting the Timaeus – Critias*, Sankt Augustin: Acaemia Verlag, 1997.

Campagna, F., *The Last Night: Anti-work, Atheism, Adventure*, Hants: Zero Books, 2013.

Campbell, J., *The Flight of the Wild Gander*, New York, NY: HarperPerennial: 1990.

Campbell, J. (ed.), *The Mysteries: Papers from the Eranos Yearbook*, Princeton, NJ: Princeton University Press, 1978.

Campion, N., *Astrology and Cosmology in the World's Religion*, New York and London: New York University Press, 2012.

Cassirer, E., *Language and Myth*, New York, NY: Dover Publications, 1953.

Cassirer, E., *The Philosophy of Symbolic Forms, Volume 2: Mythical Thought*, New Haven: Yale University Press, 1955.

Celine, L. F., *Journey to the End of the Night*, London: Alma Books, 2012.

Chaturvedi, M., *Bhartrhari: Language, Thought, and Reality*, Delhi: Motilal Banarsidass, 2009.

Chittick, W. C., *The Sufi Path of Knowledge: Ibn Al-Arabi's Metaphysics of Imagination*, Albany, NY: SUNY, 1989.

Colli, G., *Apollineo e Dionisiaco*, Milano: Adelphi, 2010.

Coomaraswamy, A., *Christian and Oriental Philosophy of Art*, New York, NY: Dover, 2011.

Coomaraswamy, A., *Hinduism and Buddhism*, Mountain View, CA: Golden Elixir Press, 2011.

Coomaraswamy, A., *Time and Eternity*, New Delhi: Munshiram Manoharlal, 2014.

Corbin, H., *Alone with the Alone: Creative Imagination in the Sufism of Ibn 'Arabi*, Princeton, NJ: Princeton/Bollingen, 1998.

Corbin, H., *Cyclical Time & Ismaili Gnosis*, London: Routledge, 2013.

Corbin, H., *History of Islamic Philosophy*, London: Routledge, 2014.

Corbin, H., *L'Imam cache'*, Paris: L'Herne, 2003.

Corbin, H., *L'Imam Nascosto*, Milano: SE, 2008.

Corbin, H., *Mundus Imaginalis or The Imaginary and the Imaginal*, Ipswich: Golgonooza Press, 1976.

Corbin, H., *Nell'Islam Iranico: Sohrawardi e I Platonici di Persia*, Milano:

Mimesis, 2015.

Critchlow, K., *Islamic Patterns: An Analytical and Cosmological Approach*, London: Thames and Hudson, 1976.

Daston, L. and P. Galison, *Objectivity*, New York: Zone Books, 2007.

Davila, N. G., *In Margine a un Testo Implicito*, Milano: Adelphi, 2015.

Davis, P. J. and R. Hersh, *The Mathematical Experience*, Boston, MA: Houghton Mifflin Company, 1981.

de Castro, E. V., *Cannibal Metaphysics*, Minneapolis, MN: Univocal, 2014.

de Martino, E., *Il Mondo Magico* (1948), Torino: Bollati Boringhieri, 2010.

de Martino, E., *La Fine del Mondo*, Torino: Einaudi, 2002.

Diem, W. and M. Schöller, *The Living and the Dead in Islam: Studies in Arabic Epitaphs*, Volume 3, Wiesbaden: Harrassowitz Verlag, 2004.

Donà, M., *Magia e Filosofia*, Milano: Bompiani, 2004.

Dottori, R. (ed.), *Reason and Reasonabless*, Munster: Lit Verlag, 2005.

Eliade, M., *Images and Symbols*, Princeton, NJ: Princeton University Press, 1991.

Eliade, M., *The Myth of the Eternal Return: or, Cosmos and History*, Princeton, NJ: Princeton University Press, 1991.

Eliade, M., *Patterns in Comparative Religion*, Lincoln, NE: University of Nebraska Press, 1996.

Eriugena, J.S., *Periphyseon: The Division of Nature*, translated by I.-P. Sheldon-Williams and J. J. O'Meara, Montreal: Dumbarton Oaks, 1987.

Ficino, M., *Three Books on Life*, edited and translated by C. V. Kaske and John R. Clark, Tempe, AZ: MRTS, 1998.

Fideler, D. and K. S. Guthrie (ed.), *The Pythagorean Sourcebook and Library*, Grand Rapids, MI: Phanes Press, 1988.

Findlay, J. N., *Platone: le dottrine scritte e non scritte*, Milano: Vita e Pensiero, 1994.

Florenksy, P., *Iconostasis*, Yonkers, NY: St Vladimir's Seminary Press, 1996.

Florenskij, P., *Realtà e Mistero*, Milano: SE, 2013.

Florensky, P., *The Pillar and Ground of the Truth: An Essay in Orthodox Theodicy in Twelve Letters*, Princeton, NJ: Princeton University Press, 2004.

Frontinus, *Stratagems and Acqueducts of Rome*, translated by C. Bennett, Harvard, MA: Loeb/Harvard University Press, 2003.

Ganeri, J., *The Concealed Art of the Soul: Theories Of The Self And Practices Of Truth In Indian Ethics And Epistemology*, Oxford: Oxford University Press, 2013.

Gaudapada, *Gaudapada Karika*, edited and translated by R.D. Karmarkar, Poona: Bhandarkar Oriental Research Institute, 1953.

Gnoli, A. and F. Volpi, *I Prossimi Titani: Conversazioni con Ernst Jünger*, Milano: Adelphi, 1997.

Godwin, J., *The Pagan Dream of the Renaissance*, Boston, MA: Weiser Books, 2005.

Goodman, L. E., *Avicenna*, London: Routledge, 2002.

Gracián, B., *The Pocket Oracle and Art of Prudence*, London: Penguin, 2011.

Guenon, R., *Man and His Becoming According to the Vedanta*, Hillsdale, NY: Sophia Perennis, 2004.

Guenon, R., *The Reign of Quantity and the Sign of the Times*, Hillsdale, NY: Sophia Perennis, 2001.

Guenon, R., *The Symbolism of the Cross*, Hillsdale, NY: Sophia Perennis, 1996.

Guenon, R., *Symbols of Sacred Science*, Hillsdale, NY: Sophia Perennis, 2004.

Hafez, *Ottanta Canzoni*, Torino: Einaudi, 2008.

Havery, L. P., *Muslims in Spain: 1500 to 1614*, Chicago, IL: The University of

Chicago Press, 2005.

Heidegger, M., *The Question Concerning Technology*, New York: Harper, 1977.

Heller, M., *The Ontology of Physical Objects*, Cambridge: Cambridge University Press, 2008, pp.49-51.

Herbert, Z., *The Collected Poems*, London; Atlantic Books, 2014.

Hermann of Reichenau, *De Temporum Ratione*, Leiden: Brill Publishers, 2006.

Hermes Trismegistus, *The Emerald Tablet*, trans. Sir I. Newton, CreateSpace, 2017.

Herodotus, *The Histories*, London: Penguin, 2003.

Hillman, J., *Mythic Figures*, Washington, DC: Spring Publications, 2012.

Hillman, J., *Pan and the Nightmare*, Washington, DC: Spring Publications, 2015.

Huntington, C. W., *The Emptiness of Emptiness: An Introduction to Early Indian Madhyamaka*, Honolulu: University of Hawaii Press, 1989.

Iamblichus, *On the Mysteries*, Atlanta, GE: Society of Biblical Literature, 2003.

Iamblichus, *Theology of Arithmetics*, Grand Rapids, MI: Phanes Press, 1988.

Ibn Arabi, *The Meccan Revelations*, 2 vols., translated by M. Chodkiewicz, New York, NY: Pir Press, 2002.

Ibn Arabi, *The Ringstones of Wisdom* (Fusus Al-Hikam), translated by C. K. Dagli, Chicago, IL: Kazi Publications, 2004.

Irving, W., *A History of the Life and Voyages of Christopher Columbus*, New York, NY: The Co-Operative Publication Society, 1920.

Isayeva, N., *Shankara and Indian Philosophy*, Albany, NY: SUNY, 1992.

Isidore of Seville, *On the Nature of Things*, Liverpool: Liverpool University Press, 2016.

Izutsu, T., *The Concept and Reality of Existence*, Petaling Jaya: Islamic Book Trust, 2007.

Izutsu, T., *Sufism and Taoism*, Berkeley, Los Angeles, CA: University of California Press, 2016.

Johannes de Sacrobosco, *The Sphere of Sacrobosco and Its Commentators*, edited by L. Thorndike, Chicago, IL: The University of Chicago Press, 1949.

Jonas, H., *The Gnostic Religion*, Boston, MA: Beacon Press, 1963.

Jung, C. G., *The Philosophical Tree, in The Collected Works*, Volume XIII, Princeton, NJ: Princeton University Press, 1983.

Jung, C. G., *Synchronicity*, London: Routledge, 2008.

Jung, C. G. and C. Kerenyi, *The Science of Mythology*, London: Routledge, 2002.

Jünger, E., *Eumeswil*, New York, NY: Marsilio Publishers, 1994.

Jünger, E., *The Forest Passage*, Candor, NY: Telos Press, 2014.

Jünger, E., *L'Operaio*, Parma: Guanda, 2010.

Jünger, E., *Storm of Steel*, London: Penguin, 2004.

Jünger, E., *The Worker*, Evanston, IL: Northwestern University Press, 2017.

Kalin, I., *Mulla Sadra*, Oxford: Oxford University Press, 2014.

Kamal, M., *From Essence to Being: the Philosophy of Mulla Sadra and Martin Heidegger*, London: ICAS Press, 2010.

Kant, I., *Theoretical Philosophy, 1755–1770*, translated and edited by D. Walford and R. Meerbote, Cambridge: Cambridge University Press, 1992.

Kemp, A., *The Estrangement of the Past: A Study in the Origins of Modern Historical Consciousness*, Oxford: Oxford University Press, 1991.

Kippenberg, H. G., and G. G. Stroumsa (eds), *Secrecy and Concealment: Studies in the History of Mediterranean and Near Eastern Religions*, Leiden: E. J. Brill, 1995.

Kirk, G. S. et al. (eds), *The Presocratic Philosophers*, Cambridge: Cambridge University Press, 2005.

Koyré, A., *Dal mondo del pressappoco all'universo della precisione*, Torino: Einaudi, 2000.

Lacouture, J., *Jesuits: A multibiography*, Washington, DC: Counterpoint, 1995.

Leo V. I., *The Taktika of Leo VI*, translated and commented by G. T. Dennis, Cambridge, MA: Harvard University Press, 2014.

Long, A. A., *Greek Models of Mind and Self*, Cambridge, MA: Harvard University Press, 2015.

Marazzi, C., *Capital and Affects: the Politics of the Language Economy*, Los Angeles, CA: Semiotext(e), 2011.

Matilal, B. K., *The Word and the World: India's Contribution to the Study of Language*, Oxford: Oxford University Press, 2014.

Maurice, *Maurice's Strategikon*, translated by G. E. Dennis, Philadelphia, PE: University of Pennsylvania Press, 2001.

Mebane, J. S., *Renaissance Magic and the Return of the Golden Age*, Lincoln: University of Nebraska Press, 1992.

Mezzadra, S., and B. Neilson, *Confini e Frontiere*, Bologna: Il Mulino, 2014.

Milosz, C., *New and Collected Poems 1931-2001*, London: Penguin, 2006.

Mohaghegh, M., and H. Landolt (eds), *Collected Papers on Islamic Philosophy and Mysticism*, Theran: Iranian Institute of McGill University and Tehran University, 1971.

Morton, T., *Humankind: Solidarity with Nonhuman People*, London and New York: Verso, 2017.

Morton, T., *Hyperobjects: Philosophy and Ecology after the End of the World*, Minneapolis, MN: University of Minnesota Press, 2013.

Murray, G., *Five Stages of Greek Religion*, New York, NY: Dover Publications,

2003.

Newman, S., *From Bakunin to Lacan*, London: Lexington Books, 2001.

Newman, S., *Postanarchism*, Cambridge: Polity Press, 2016.

Nicholas of Cusa, *Of Learned Ignorance*, New York, NY: Hyperion Press, 1979.

Onfray, M., *La Sculpture de Soi: La morale esthetique*, Paris: Grasset & Fasquelle, 1993.

Otto, R., *The Idea of the Holy*, Oxford: Oxford University Press, 1958.

Otto, R., *Mysticism East and West: A Comparative Analysis of the Nature of Mysticism*, translated by B. L. Bracey and R. C. Payne, Eugene, OR: Wipf and Stock, 2016.

Ouspensky, P. D., *In Search of the Miraculous*, San Diego and London: Harvest Books, 2001.

Parmenides, *The Fragments of Parmenides*, introduced and translated by A. H. Coxon, Las Vegas, Zurich and Athens: Parmenides Publishing, 2009.

Pasolini, P. P., *Lutheran Letters*, translated by S. Hood, Manchester: Carcanet Press, 1983.

Pasolini, P. P., *Scritti Corsari*, Garzanti, Milano, 2008.

Pasqualino, A., *L'Opera dei Pupi*, Palermo: Sellerio, 2008.

Pessoa, F., *Obra Poetica de Fernando Pessoa*, 2 vols., Rio de Janeiro: Nova Fronteira, 2016.

Pessoa, F., *Pagine Esoteriche*, Milano: Adelphi, 2007.

Pessoa, F., *Philosophical Essays*, edited by Nuno Ribeiro, New York, NY: Contra Mundum Press, 2012.

Perniola, M., *Del Sentire Cattolico*, Bologna: Il Mulino, 2001.

Plato, *Timaeus – Critias – Cleitophon – Menexenus – Epistles*, Cambridge, MA: Harvard University Press, 1999.

Plotinus, *Enneads*, Burdett, NY: Larson Publications, 1992.

Plutarch, *Plutarch's Morals*, translated from the Greek by several hands, corrected and revised by. William W. Goodwin. Boston: Little, Brown, and Company, 1874.

Porphyry, *Letters to Marcella and Anebo*, translated by A. Zimmern, London: The Priory Press, 1910.

Qadar, N., *Narratives of Catastrophe: Boris Diop, ben jelloun, Katibi*, New York, NY: Fordham University Press, 2009.

Rambachan, A., *The Advaita Worldview: God, World, and Humanity*, Albany, NY: SUNY, 2006.

Razavi, M. A., *Suhrawardi and the School of Illumination*, Oxon: Routledge, 2014.

Ries, J. (ed.), *I Simboli*, Milano: Jaca Book, 2016.

Ries, J. (ed.), *I Riti di Iniziazione*, Milano: Jaca Book, 2016.

Rizvi, S. H., *Mulla Sadra and Metaphysics*, London: Routledge, 2013.

Rozewicz, T., *Bassorilievo*, Milano: Libri Scheiwiller, 2004.

Rumi, J., *Diwan-i kabir ya Kulliyat-I Shams*, (7 vols.), edited by Badi'uz-Zaman Furuzanfar, Theran: Theran University, 1957.

Russel, J. B., *Inventing the Flat Earth: Columbus and Modern Historians*, New York, NY: Praeger, 1991.

Sadra, M., *The Elixir of the Gnostics*, translated, introduced and annotated by W. C. Chittick, Provo, UT: Brigham Young University, 2003.

Sadra, M., *Metaphysical Penetrations*, translated by S. H. Nasr, edited and with an introduction by I. Kalin Provo, UT: Brigham Young University, 2014.

Scarabicchi, F., *Il Prato Bianco*, Torino: Einaudi, 2017.

Schimmel, A., *Mystical Dimensions of Islam*, Chapel Hill: The University of North Carolina Press, 1975.

Schimmel, A., *The Mystery of Numbers*, Oxford: Oxford University Press,

1993.

Schmitt, *The Concept of the Political*, Chicago: The University of Chicago Press, 2007.

Schneider, M., *Pietre Che Cantano*, Milano: SE, 2005.

Schneider, M. *Singende Steine: Rhythmus-Studien an drei romanischen Kreuzgängen*, Munich: Heimeran, 1978.

Schuon, F., *The Transcendent Unity of Religions*, Wheaton, IL: Quest Books, 1984.

Schuon, F., *Understanding Islam*, Bloomington, IN: World Wisdom, 2011.

Schwilk, H., *Ernst Jünger: Una vita lunga un secolo*, Torino: Effata', 2013.

Severino, E., *The Essence of Nihilism*, London and New York: Verso, 2017.

Severino, E., *Destino della Necessità*, Milano: Adelphi, 1980.

Severino, E., *Il Destino della Tecnica*, Milano: BUR, 1998.

Severino, E., *Intorno al Senso del Nulla*, Milano: Adelphi, 2013.

Severino, E., *La Gloria*, Milano: Adelphi, 2001.

Severino, E., *La Tendenza Fondamentale del Nostro Tempo*, Milano: Adelphi, 1988.

Severino, E., *Oltre il Linguaggio*, Milano: Adelphi, 1992.

Shaw, G., *Theurgy and the Soul: The Neoplatonism of Iamblichus*, University Park, PA: The Pennsylvania State University Press, 1995.

Shikoh, Prince M. D., *Majma-Ul-Bahrain or The Mingling Of The Two Oceans*, Calcultta: The Asiatic Society, 1998.

Siculus, D., *Library of History*, vol.1, Cambridge, MA: Harvard University Press, 1989.

Simondon, G., *L'individuation à la lumière des notions de forme et d'information*, Grenoble: Editions Jérôme Millon, 2005.

Simondon, G., *On the Mode of Existence of Technical Objects*, Minneapolis: University of Minnesota Press, 2017.

Sini, C., *Raccontare il Mondo: Filosofia e Cosmologia*, Milano: CUEM, 2001.

Spadaccini, N., and J. Talens (eds), *Rhetoric and Politics: Baltasar Gracián and the New World Order*, Minneapolis, MN: University of Minnesota Press, 1997.

Spengler, O., *The Decline of the West*, Oxford: Oxford University Press, 1991.

Spengler, O., *Man and Technics: A Contribution to a Philosophy of Life*, London: Arktos Media, 2015.

Spinoza, B., *Ethics*, London: Penguin, 1996.

Staal, J. F., *A Reader on the Sanskrit Grammarians*, Cambridge, MA: MIT Press, 2003.

Stevens, W., *Wallace Stevens*, edited by J. Burnside, London: Faber and Faber, 2008.

Stirner, M., *The Ego And Its Own*, Cambridge: Cambridge University Press, 2006.

Strauss, L., *Structural Anthropology*, New York: Basic Books 1976.

Suhrawardi, Sheikh S., *The Mystical and Visionary Treatises*, translated by W. M. Trackston Jr., London: Octogon Press, 1982.

Suhrawardi, Sheik S., *Philosophy of Illumination (Hikmat al-Ishraq)*, translated and commented by J. Wallbridge and H. Ziai, Provo, UT: Brigham Young University Press, 1999.

Suthren-Hirst, J. G., *Samkara's Advaita Vedanta: A Way of Teaching*, London: Routledge, 2005.

Tabucchi, A., *Un Baule Pieno di Gente: scritti su Fernando Pessoa*, Milano: Feltrinelli, 2009.

Tjutčev, F., *Poesie*, translated by T. Landolfi, Milano: Adelphi, 2011.

Todd, R., *The Sufi Doctrine of Man: Sadr al-Din al-Qunawi's Metaphysical Anthropology*, Leiden: Brill Publishers, 2014.

Tucci, G., La *Filosofia Indiana*, Roma and Bari: Laterza, 2005.

Vaihinger, H., *The Philosophy of the 'As if'*, translated by C. K. Ogden, London: Kegan Paul, Trench Trubner & Co., 1935.

Ventura, A., *L'Esoterismo Islamico*, Milano: Adelphi, 2017.

von Goethe, J. W., *Italian Journey*, London: Penguin, 1970.

von Goethe, J. W., *The Metamorphosis of Plants*, Cambridge, MA: MIT Press, 2009.

VVAA, *Corpus Hermeticum*, edited by A. d Nock and A. J. Festugiere, Milano: Bompiani, 2005.

VVAA., *Upanisads*, translated by Patrick Olivelle, Oxford: Oxford University Press, 2008.

Wat, A., *Selected Poems*, translated and edited by C. Milosz and L. Nathan, London: Penguin, 1991

Wind, E., *The Eloquence of Symbols: Studies in Humanist Art*, Oxford: Oxford University Press, 1983.

Xenophon, *Cyropaedia*, 2 vols., Cambridge, MA: Harvard University Press, 1989.

Yates, F. A., *The Art of Memory*, London: The Bodley Head, 2014.

Yazdi, M. H., *The Principles of Epistemology in Islamic Philosophy: Knowledge by Presence*, Albany, NY: SUNY, 1992.

Young, G. M., *The Russian Cosmists: The Esoteric Futurism of Nikolai Fedorov and His Followers*, Oxford: Oxford University Press, 2012.

Zaehner, R. C., *Hindu and Muslim Mysticism*, London: Oneworld, 1995.

Zagajewski, A., *Mysticism for Beginners: Poems*, New York, NY: Farrar, Straus and Giroux, 1999.

Zagajewski, A., *Selected Poems*, London: Faber & Faber, 2004.

Zagajewski, A., *Without End: New and Selected Poems*, New York, NY: Farrar, Strauss & Giroux, 2003.

Zellini, P., *La Matematica degli Dei e gli Algoritmi degli Uomini*, Milano: Adelphi, 2016.

Zilioli, U., *The Cyrenaics*, Durham: Acumen, 2012.

Zolla, E., *Che Cos'e' la Tradizione*, Milano: Adelphi, 2011.

Zolla, E., *Uscite dal Mondo*, Venezia: Marsilio, 2012.

图书章节

Abi Jum'ah, A. ibn, *Oran Fatwa*, in L. P. Havery, *Muslims in Spain: 1500 to 1614*, Chigaco, IL: The University of Chicago Press, 2005, pp. 61–2.

Ben Alliwa, Sheikh A. B. M., Il Prototipo Unico, in T. Burckhardt, *Considerazioni sulla Conoscenza Sacra*, Milano: SE, 1997, p. 93.

Berti, E., L'Oggetto dell'Eikos Mythos nel Timeo di Platone, in T. Calvo and L. Brisson (eds), *Interpreting the* Timaeus – Critias, Sankt Augustin: Acaemia Verlag, 1997, pp. 119–31.

Izutsu, T., The Basic Structure of Metaphysical Thinking in Islam, in M. Mohaghegh and H. Landolt (eds), *Collected Papers on Islamic Philosophy and Mysticism*, Theran: Iranian Institute of McGill University and Tehran University, 1971, pp. 39–72.

Kohlberg, E., Taqiyya in Shi'I Theology and Religion, in H. G. Kippenberg and G. G. Stroumsa (eds), *Secrecy and Concealment: Studies in the History of Mediterranean and Near Eastern Religion*s, Leiden: E. J. Brill, 1995, pp. 345–80.

Perniola, M., The Cultural Turn of Catholicism, in R. Dottori (ed.) *Reason and Reasonabless*, Munster: Lit Verlag, 2005, pp. 257–72.

Reale, G., Introduzione, in J. N. Findlay, *Platone: le dottrine scritte e non scritte*, Milano: Vita e Pensiero, 1994, pp. XXIV–XXV.

Sallustius, On the Gods and the Cosmos, trans. G. Murray, in G. Murray, *Five Stages of Greek Religion*, New York, NY: Dover Publications, 2003, pp. 191–212.

Schmitt, P., Serapis: The Universal Mystery Religion, in J. Campbell (ed.), *The Mysteries: papers from the Eranos Yearbook*, Princeton, NJ: Princeton University Press, 1978, pp. 104–15.

论文

Adamson, P., Before Essence and Existence: Al-Kindi's Conception of Being, *Journal of the History of Philosophy*, vol. 40, no. 3, 2002, pp. 297–312.

Burnyeat, M. F., Eykos Mythos, *Rhizai*, 2, 2005, pp. 7–29.

网站

Antonio Negri's review of S. Mezzadra and B. Neilson, *Confini e Frontiere*, Bologna: Il Mulino, 2014, online at http://www.euronomade.info/?p=2814 (accessed 21 August 2017).

Emile Cioran in conversation with Christian Bussy, 1973, online at https://www.youtube.com/watch?v=LhR536ao_cg (accessed April 30 2017).

Žižek, S., *The Interpassive Subject*, Centre Georges Pompidou,1998, online at http://www.lacan.com/zizek-pompidou.htm (accessed 21 August 2017).

索引

（条目后的页码数字对应本书边码）

图书在版编目（CIP）数据

技术与魔法 ： 重建实在 / （意）费德里科•坎帕尼亚著 ； 姜昊骞译. -- 上海 ： 上海文艺出版社，2025.
ISBN 978-7-5321-9150-5

Ⅰ. N02

中国国家版本馆CIP数据核字第2024CW7594号

发 行 人：毕　胜
责任编辑：肖海鸥　鲍夏挺
特约编辑：杨方济
封面设计：甘信宇
内文制作：常　亭

书　　名：技术与魔法 ： 重建实在
作　　者：[意] 费德里科•坎帕尼亚
出　　版：上海世纪出版集团　上海文艺出版社
地　　址：上海市闵行区号景路159弄A座2楼 201101
发　　行：上海文艺出版社发行中心
上海市闵行区号景路159弄A座2楼206室 201101 www.ewen.co
印　　刷：苏州市越洋印刷有限公司
开　　本：1240×890 1/32
印　　张：9.75
插　　页：2
字　　数：197,000
印　　次：2025年1月第1版 2025年1月第1次印刷
I S B N：978-7-5321-9150-5/B.118
定　　价：75.00元